高等职业教育"十二五"规划教材
CAD/CAM 技术应用系列规划丛书

SolidWorks 2014 软件实例教程

陈兆荣　主编

电子工业出版社
Publishing House of Electronics Industry
北京·BEIJING

内 容 简 介

本书从初学者的角度,采用"项目导向,任务引领"的形式,通过一个个实例介绍 SolidWorks 2014 软件的应用。全书共 8 个项目,分别介绍 SolidWorks 2014 三维建模、钣金设计、虚拟装配、工程图创建等内容;每个项目内容既涵盖 SolidWorks 的基本功能,又有 SolidWorks 2014 最新的研究成果;围绕每个模块所介绍内容,均配备一定数量的习题,方便读者巩固提高。

本教材可以作为职业院校教材,也可以作为工程技术人员自学使用。

未经许可,不得以任何方式复制或抄袭本书之部分或全部内容。
版权所有,侵权必究。

图书在版编目(CIP)数据

SolidWorks 2014 软件实例教程 / 陈兆荣主编. —北京:电子工业出版社,2015.5
ISBN 978-7-121-25044-6

Ⅰ. ①S… Ⅱ. ①陈… Ⅲ. ①计算机辅助设计-应用软件-高等学校-教材 Ⅳ. ①TP391.72

中国版本图书馆 CIP 数据核字(2014)第 283961 号

责任编辑:贺志洪　　特约编辑:张晓雪　薛　阳
印　　刷:涿州市京南印刷厂
装　　订:涿州市京南印刷厂
出版发行:电子工业出版社
　　　　　北京市海淀区万寿路 173 信箱　邮编　100036
开　　本:787×1092　1/16　印张:15.75　字数:403 千字
版　　次:2015 年 5 月第 1 版
印　　次:2015 年 5 月第 1 次印刷
印　　数:3 000 册　　定价:37.00 元

凡所购买电子工业出版社图书有缺损问题,请向购买书店调换。若书店售缺,请与本社发行部联系,联系及邮购电话:(010)88254888。
质量投诉请发邮件至 zlts@phei.com.cn,盗版侵权举报请发邮件至 dbqq@phei.com.cn。
服务热线:(010)88258888。

前 言

目前，我国高等职业教育进入一个快速发展的时期，职业教育的教学模式也悄然发生着改变，传统学科体系的教学模式正逐步转变为行动体系的教学模式，突出对于学生的职业能力、实践操作能力的培养。项目化教学就是一种较好的教学方式，目前被许多高等职业院校采用。而传统教材已无法满足项目化教学的要求，教材建设势在必行，因此我们尝试以SolidWorks软件为载体，编写本教材。

教材在编写思路上既考虑到学员在应用SolidWorks软件时所需的知识和技能，又考虑到计算机软件的快速发展；不求知识点的"大而全"，但求知识的简便实用；以适度的概念和原理理解为辅，采取以工作过程为中心的行动体系，以项目为载体，以工作任务为驱动，以学生为主体，教学做一体的项目化教学模式，因此在内容安排和组织形式上做了一些新尝试，既有理论知识的诠释，也有工作任务的分析和实际操作，还有课外习题的巩固与复习。全书共分成8个项目，每个项目中内容又分7个部分：学习目的、学习目标、工作任务、工作任务分析、相关知识汇总、操作步骤、重点串联、练习。

全书共分成8个项目，主要内容是：

项目1 了解SolidWorks软件的背景知识，掌握SolidWorks界面的基本操作，掌握SolidWorks零件模板的创建方法。

项目2 介绍SolidWorks 2014软件草图的绘制方法，掌握2D平面草图添加尺寸约束和几何约束的方法。

项目3 掌握回转体类零件的建模方法，同时掌握配置零件的设计方法以及零件表面颜色和纹理的设定办法。

项目4 掌握叉架类零件的建模基本思路，掌握特征操作的使用方法，了解特征管理树的操作方法。

项目5 掌握箱体类零件建模的一般规律，掌握复杂特征创建方法，了解零件的质量属性、几何属性测量方法。

项目6 介绍钣金零件的设计方法和应用思路，利用典型案例介绍总结了钣金零件几种设计思路的具体步骤。

项目7 介绍SolidWorks软件自底向上的装配方法、软件中的各种装配类型、零件间干涉检查方法和爆炸视图的生成。

项目8 介绍在SolidWorks工程图模块中创建工程图模板的方法、生成各图形表达方法和图形中的各种标注方法。

本书的特点是：内容通俗易懂、图文并茂；所举案例大多来自企业，或有所简化；内容由简单到复杂，符合学生的认知规律；理论知识介绍简单实用，重点突出，兼顾SolidWorks软件的最新动态；工作任务的操作步骤详尽，深入浅出，前有建模过程的分析，后有重点步骤的总结。

参与本书编写的人员来自教学一线的老师和企业一线的工程师，具有丰富的实践经验，其中由常州机电职业技术学院姜海军老师编写项目 1 和项目 3；庞雨花老师编写项目 2 和项目 7；陈兆荣老师编写项目 4 和项目 5；东风农机集团高级工程师熊吉林编写项目 6 和项目 8。全书由陈兆荣统稿。

  在本书编写的过程中，得到系领导、同事及企业同行的大力支持，在此一并感谢。由于水平有限，书中错误之处在所难免，恳请读者谅解。

编 者
2015 年 5 月

目　　录

项目 1　SolidWorks 2014 软件入门 ·· 1
　　学习目的 ·· 1
　　学习目标 ·· 1
　　相关知识汇总 ·· 1
　1.1　SolidWorks 2014 软件启动和退出 ·· 1
　　　1.1.1　SolidWorks 2014 软件简介 ·· 1
　　　1.1.2　SolidWorks 2014 启动和退出 ·· 3
　　　1.1.3　SolidWorks 2014 界面介绍 ·· 4
　　　1.1.4　文件操作 ·· 5
　1.2　基本操作 ·· 6
　　　1.2.1　鼠标操作 ·· 6
　　　1.2.2　显示控制 ·· 7
　　　1.2.3　切换视图方向控制 ·· 8
　1.3　SolidWorks 2014 的用户化定制 ·· 8
　　　1.3.1　建立新文件模板 ·· 8
　　　1.3.2　设置工具栏 ··· 10
　　　1.3.3　背景设置 ··· 11
　　　1.3.4　利用帮助 ··· 12

项目 2　参数化草图绘制 ·· 14
　　学习目的 ··· 14
　　学习目标 ··· 14
　模块 2.1　吊钩轮廓图绘制 ··· 14
　　学习目标 ··· 14
　　工作任务 ··· 14
　　工作任务分析 ··· 15
　　相关知识汇总 ··· 15
　　　2.1.1　进入和退出草图环境 ·· 15
　　　2.1.2　草图绘制实体 ·· 16
　　　2.1.3　草图工具 ··· 18
　　　2.1.4　草图约束（尺寸和几何约束关系） ································· 20
　　操作步骤 ··· 24
　　重点串联 ··· 27
　　练习 ·· 28

模块 2.2　钩线板轮廓图绘制 ······ 29
学习目标 ······ 29
工作任务 ······ 29
工作任务分析 ······ 29
相关知识汇总 ······ 29
2.2.1　草图绘制实体 ······ 29
2.2.2　草图约束 ······ 33
2.2.3　草图阵列 ······ 34
2.2.4　链接数值与方程式 ······ 35
操作步骤 ······ 38
重点串联 ······ 41
练习 ······ 42

项目 3　回转体类零件三维建模 ······ 43
学习目的 ······ 43
学习目标 ······ 43
模块 3.1　导柱实例 ······ 43
学习目标 ······ 43
工作任务 ······ 43
工作任务分析 ······ 44
相关知识汇总 ······ 44
3.1.1　旋转凸台/基体特征 ······ 44
3.1.2　圆角特征 ······ 46
3.1.3　倒角特征 ······ 52
3.1.4　系列零件设计表 ······ 53
重点串联 ······ 60
练习 ······ 61
模块 3.2　阀盖实例 ······ 61
学习目标 ······ 61
工作任务 ······ 61
工作任务分析 ······ 61
相关知识汇总 ······ 62
3.2.1　旋转切除 ······ 62
3.2.2　"孔"特征 ······ 62
3.2.3　特征阵列 ······ 64
3.2.4　装饰螺纹线 ······ 67
3.2.5　配置零件 ······ 68

　　　　操作步骤 ·· 69
　　　　重点串联 ·· 73
　　　　练习 ·· 74

项目4　叉架类零件三维建模 ·· 75
　　学习目的 ·· 75
　　学习目标 ·· 75
　　模块4.1　拨叉实例 ·· 75
　　　　学习目标 ·· 75
　　　　工作任务 ·· 75
　　　　工作任务分析 ·· 76
　　　　相关知识汇总 ·· 76
　　　　　4.1.1　拉伸凸台/基体（拉伸切除） ·· 76
　　　　　4.1.2　筋板 ·· 80
　　　　　4.1.3　基准特征 ·· 81
　　　　　4.1.4　拔模 ·· 85
　　　　　4.1.5　组合实体 ·· 87
　　　　　4.1.6　分割实体 ·· 88
　　　　　4.1.7　分割线 ··· 89
　　　　操作步骤 ·· 91
　　　　重点串联 ·· 95
　　　　练习 ··· 96
　　模块4.2　球形拨杆实例 ·· 96
　　　　学习目标 ·· 96
　　　　工作任务 ·· 96
　　　　工作任务分析 ·· 97
　　　　相关知识汇总 ·· 97
　　　　　4.2.1　镜像 ·· 97
　　　　　4.2.2　曲线驱动阵列 ·· 98
　　　　　4.2.3　特征的压缩、解压缩、轻化 ·· 99
　　　　操作步骤 ·· 100
　　　　重点串联 ·· 104
　　　　练习 ··· 105

项目5　箱体类零件三维建模 ·· 106
　　学习目的 ·· 106
　　学习目标 ·· 106
　　模块5.1　遥控器实例 ··· 106

学习目标 ··· 106
　　工作任务 ··· 106
　　工作任务分析 ·· 106
　　相关知识汇总 ·· 107
　　　5.1.1　放样体 ··· 107
　　　5.1.2　抽壳 ·· 109
　　　5.1.3　线性阵列 ··· 111
　　　5.1.4　表格驱动阵列 ·· 112
　　操作步骤 ··· 112
　　重点串联 ··· 118
　　练习 ··· 119
　模块 5.2　中药瓶实例 ··· 119
　　学习目标 ··· 119
　　工作任务 ··· 120
　　工作任务分析 ·· 120
　　相关知识汇总 ·· 120
　　　5.2.1　螺旋线/涡状线 ··· 120
　　　5.2.2　扫描特征 ··· 122
　　　5.2.3　包覆特征 ··· 124
　　操作步骤 ··· 125
　　重点串联 ··· 129
　　练习 ··· 130
项目 6　钣金设计 ·· 131
　学习目的 ·· 131
　学习目标 ·· 131
　模块 6.1　机罩建模 ·· 131
　　工作任务 ··· 131
　　工作任务分析 ·· 132
　　相关知识汇总 ·· 132
　　　6.1.1　基体法兰 ··· 132
　　　6.1.2　边线法兰 ··· 135
　　　6.1.3　斜接法兰 ··· 136
　　　6.1.4　褶边 ·· 138
　　　6.1.5　边角 ·· 139
　　　6.1.6　转折 ·· 141
　　　6.1.7　折叠和展开 ·· 143

6.1.8 拉伸切除 …………………………………………………… 143
6.1.9 通风口 ………………………………………………………… 144
操作步骤 …………………………………………………………… 145
重点串联 …………………………………………………………… 150
练习 ………………………………………………………………… 151
模块 6.2 文件夹建模 …………………………………………………… 152
工作任务 …………………………………………………………… 152
工作任务分析 ……………………………………………………… 153
相关知识汇总 ……………………………………………………… 153
6.2.1 钣金角撑板 ………………………………………………… 153
6.2.2 成形工具 …………………………………………………… 155
6.2.3 成形工具的使用 …………………………………………… 159
操作步骤 …………………………………………………………… 160
重点串联 …………………………………………………………… 164
练习 ………………………………………………………………… 165

项目 7 虚拟装配 ……………………………………………………………… 167
学习目的 ……………………………………………………………… 167
学习目标 ……………………………………………………………… 167
模块 7.1 台虎钳的自底向上装配 ……………………………………… 167
工作任务 …………………………………………………………… 167
工作任务分析 ……………………………………………………… 167
相关知识汇总 ……………………………………………………… 168
7.1.1 新建装配体文件 …………………………………………… 168
7.1.2 插入零部件 ………………………………………………… 170
7.1.3 移动和旋转零部件 ………………………………………… 171
7.1.4 配合关系 …………………………………………………… 172
7.1.5 装配中的零件操作 ………………………………………… 176
7.1.6 干涉检查 …………………………………………………… 179
7.1.7 装配体爆炸视图 …………………………………………… 181
7.1.8 轻化零部件 ………………………………………………… 183
操作步骤 …………………………………………………………… 185
重点串联 …………………………………………………………… 193
附装配零件图 ……………………………………………………… 194
模块 7.2 齿轮凸轮组合机构虚拟装配 ………………………………… 196
工作任务 …………………………………………………………… 196
工作任务分析 ……………………………………………………… 196

操作步骤 ··· 196
　　　7.2.1　大齿轮组件装配 ··· 196
　　　7.2.2　同步带轮组件装配 ··· 198
　　　7.2.3　凸轮组合机构总装配 ··· 199
　　重点串联 ··· 203
　　附装配零件图 ··· 203

项目 8　转向拨杆和泵体工程图的创建 ·· 207
　　学习目的 ··· 207
　　学习目标 ··· 207
　　模块 8.1　转向拨杆工程图的创建 ······································· 207
　　　学习目标 ··· 207
　　　工作任务 ··· 207
　　　工作任务分析 ··· 207
　　　相关知识汇总 ··· 208
　　　　8.1.1　创建 A3 工程图模板文件 ································ 208
　　　　8.1.2　标准视图 ··· 213
　　　　8.1.3　派生视图 ··· 216
　　　操作步骤 ··· 222
　　　重点串联 ··· 226
　　　练习 ··· 226
　　模块 8.2　泵体工程图的创建 ··· 227
　　　学习目标 ··· 227
　　　工作任务 ··· 227
　　　工作任务分析 ··· 227
　　　相关知识汇总 ··· 228
　　　　8.2.1　中心符号线和中心线 ··································· 228
　　　　8.2.2　标注尺寸公差 ··· 230
　　　　8.2.3　表面粗糙度符号 ······································· 231
　　　　8.2.4　基准符号 ··· 232
　　　　8.2.5　形位公差 ··· 233
　　　　8.2.6　孔标注 ··· 233
　　　　8.2.7　文本标注 ··· 234
　　　操作步骤 ··· 234
　　　重点串联 ··· 240
　　　练习 ··· 241

项目 1　SolidWorks 2014 软件入门

 学习目的

通过项目 1 的学习，了解 SolidWorks 软件的背景知识，掌握 SolidWorks 界面的基本操作，掌握 SolidWorks 零件模板的创建方法。

 学习目标

- 了解 SolidWorks 2014 软件的知识背景。
- 掌握 SolidWorks 2014 软件的基本操作：启动、退出、打开文件、保存文件。
- 掌握 SolidWorks 2014 软件界面常用功能视图操作、创建工具栏。
- 掌握零件模板的设置方法。
- 了解系统选项常用选项功能。
- 掌握 SolidWorks 2014 软件"帮助"系统使用方法。

 相关知识汇总

1.1　SolidWorks 2014 软件启动和退出

1.1.1　SolidWorks 2014 软件简介

SolidWorks 软件功能强大，组件繁多。SolidWorks 具有功能强大、易学易用和技术创新三大特点，这使得 SolidWorks 成为领先的、主流的三维 CAD 解决方案。SolidWorks 能够提供不同的设计方案、减少设计过程中的错误以及提高产品质量。SolidWorks 不仅提供如此强大的功能，而且对每个工程师和设计者来说，操作简单方便、易学易用。

对于熟悉微软的 Windows 系统的用户，基本上就可以用 SolidWorks 来搞设计了。SolidWorks 独有的拖拽功能使用户在比较短的时间内完成大型装配设计。SolidWorks 资源管理器是同 Windows 资源管理器一样的 CAD 文件管理器，用它可以方便地管理 CAD 文件。使用 SolidWorks，用户能在比较短的时间内完成更多的工作，能够更快地将高质量的产品投放市场。

在目前市场上所见到的三维 CAD 解决方案中，SolidWorks 是设计过程比较简便而方便的软件之一。美国著名咨询公司 Daratech 所评论："在基于 Windows 平台的三维 CAD 软件中，SolidWorks 是最著名的品牌，是市场快速增长的领导者。"

在强大的设计功能和易学易用的操作（包括 Windows 风格的拖放、单击、剪切/粘贴）

协同下，使用 SolidWorks，整个产品设计是可百分之百可编辑的，零件设计、装配设计和工程图之间的是全相关的。

1. 用户界面

SolidWorks 提供了一整套完整的动态界面和鼠标拖动控制。"全动感的"的用户界面减少了设计步骤，减少了多余的对话框，从而避免了界面的零乱。

崭新的属性管理员用来高效地管理整个设计过程和步骤。属性管理员包含所有的设计数据和参数，而且操作方便、界面直观。

用 SolidWorks 资源管理器可以方便地管理 CAD 文件。SolidWorks 资源管理器是唯一一个同 Windows 资源器类似的 CAD 文件管理器。

特征模板为标准件和标准特征，提供了良好的环境。用户可以直接从特征模板上调用标准的零件和特征，并与同事共享。

SolidWorks 提供的 AutoCAD 模拟器，使得 AutoCAD 用户可以保持原有的作图习惯，顺利地从二维设计转向三维实体设计。

2. 配置管理

配置管理是 SolidWorks 软件体系结构中非常独特的一部分，它涉及到零件设计、装配设计和工程图。配置管理使得用户能够在一个 CAD 文档中，通过对不同参数的变换和组合，派生出不同的零件或装配体。

3. 装配设计

在 SolidWorks 中，当生成新零件时，可以直接参考其他零件并保持这种参考关系。在装配的环境里，可以方便地设计和修改零部件。

SolidWorks 可以动态地查看装配体的所有运动，并且可以对运动的零部件进行动态的干涉检查和间隙检测。

用智能零件技术自动完成重复设计。智能零件技术是一种崭新的技术，用来完成诸如将一个标准的螺栓装入螺孔中，而同时按照正确的顺序完成垫片和螺母的装配。

镜像部件是 SolidWorks 技术的巨大突破。镜像部件能产生基于已有零部件（包括具有派生关系或与其他零件具有关联关系的零件）的新的零部件。

SolidWorks 用捕捉配合的智能化装配技术，来加快装配体的总体装配。智能化装配技术能够自动地捕捉并定义装配关系。

4. 工程图

SolidWorks 提供了生成完整的、车间认可的详细工程图的工具。工程图是全相关的，当修改图纸时，三维模型、各个视图、装配体都会自动更新。

从三维模型中自动产生工程图，包括视图、尺寸和标注。

SolidWorks 增强了的详图操作和剖视图，包括生成剖中剖视图、部件的图层支持、熟悉的二维草图功能、以及详图中的属性管理员。

使用 RapidDraft 技术，可以将工程图与三维零件和装配体脱离，进行单独操作，以加快工程图的操作，但保持与三维零件和装配体的全相关。

用交替位置显示视图能够方便地显示零部件的不同的位置，以便了解运动的顺序。交替位置显示视图是专门为具有运动关系的装配体而设计的独特的工程图功能。

5. 零件建模

SolidWorks 提供了无与伦比的、基于特征的实体建模功能。通过拉伸、旋转、薄壁特征、高级抽壳、特征阵列以及打孔等操作来实现产品的设计。

通过对特征和草图的动态修改，用拖拽的方式实现实时的设计修改。

三维草图功能为扫描、放样生成三维草图路径，或为管道、电缆、线和管线生成路径。

6．钣金设计

SolidWorks 提供了顶尖的、全相关的钣金设计能力。可以直接使用各种类型的法兰、薄片等特征，正交切除、角处理以及边线切口等钣金操作变得非常容易。用户化 SolidWorks 的 API 为用户提供了自由的、开放的、功能完整的开发工具。

开发工具包括 Microsoft Visual Basic for Applications （VBA）、Visual C++，以及其他支持 OLE 的开发程序。

7．曲面建模

通过带控制线的扫描、放样、填充以及拖动可控制的相切操作产生复杂的曲面，可以直观地对曲面进行修剪、延伸、倒角和缝合等曲面的操作。

8．帮助文件

SolidWorks 配有一套强大的、基于 HTML 的帮助文件系统，包括超级文本链接、动画示教、在线教程以及设计向导和术语。

SolidWorks 通常应用于产品的机械设计中，它将产品置于三维空间环境进行设计。设计工程师按照设计思想绘出草图，然后生成模型实体及装配体，运用 SolidWorks 自带的辅助功能对设计的模型进行模拟功能分析，根据分析结果修改设计模型，最后输出详细的工程图，进行产品生产。

9．数据转换

SolidWorks 提供了当今市场上几乎所有 CAD 软件的输入/输出格式转换器，有些格式，还提供了不同版本的转换。

- IGES IPT (Autodesk Inventor)
- STEP DWG
- SAT(ACIS) DXF
- VRML CGR(Catia graphic)
- STL HCG(Highly compressed)
- Parasolid graphics
- Pro/ENGINEERViewpoint
- Unigraphics RealityWave
- PAR (Solid Edge) TIFF
- VDA-FS JPG
- Mechanical Desktop

1.1.2 SolidWorks 2014 启动和退出

1．SolidWorks 2014 的启动

双击计算机桌面上的图标 或者点击"开始"|"程序"|"SolidWorks 2014"，均可打开 SolidWorks 软件，初始界面如图 1-1-1 所示，在打开的初始界面上单击"文件"创建新文件或打开已经存在的文件。

图 1-1-1　SolidWorks 初始界面

2．SolidWorks 2014 的退出

单击软件窗口右上角的按钮，或者选择菜单栏中的"文件"|"退出"命令，即可退出软件。

1.1.3　SolidWorks 2014 界面介绍

在新建或打开一个文件后，进入 SolidWorks 的另一个界面，如图 1-1-2 所示。由于该界面类似 Windows 界面，用户比较熟悉，使用也很方便。界面主要是由标题栏、菜单栏、工具栏、提示栏、状态栏、资源条、图形区组成的，具体位置如图 1-1-2 所示。

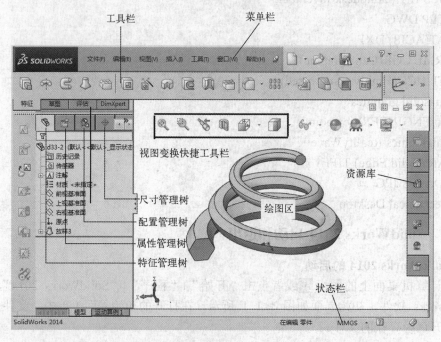

图 1-1-2　SolidWorks 工作界面

1.1.4 文件操作

1. 新建一个部件文件

单击按钮 或者在主菜单中选择"文件"|"新建"命令,弹出"新建 SolidWorks 文件"对话框,如图 1-1-3 所示。该对话框中有 3 个图标,分别为"零件"、"装配体"、"工程图",这些模板的操作环境部分参数已经进行了设置,文件的后缀名分别是*.SLDPRT、*.SLDASM、*.SLDDRW,选择其中一个图标,再单击"确定"按钮,即可新建一个文件。

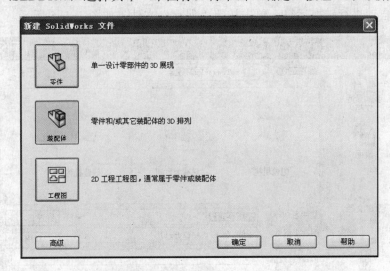

图 1-1-3 "新建 SolidWorks 文件"对话框

2. 打开一个已经存在的部件文件

下面介绍两种常用的方法。

(1)单击 按钮或者在主菜单中选择"文件"|"打开"命令,弹出"打开"对话框,如图 1-1-4 所示。在对话框里可以在"查找范围"栏中找到已存文件的路径,在文件方框中选择文件名,在右边的方框中可以看到零件的"缩略图",单击"打开"按钮即可打开文件。

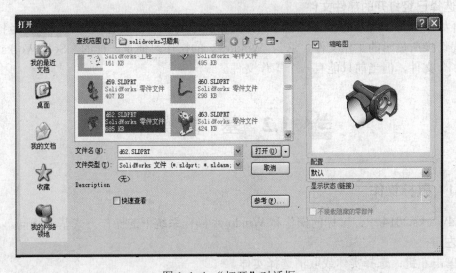

图 1-1-4 "打开"对话框

（2）通过在主菜单中选择"文件"|"浏览最近的文档"命令，它的下级菜单列出了用户最近打开的文件名，可直接选择要打开的文件，避免再次查找。

注意：SolidWorks 软件不可以打开高一级版本的文件。

3．保存和另存一个部件文件

单击按钮 或者点击主菜单中"文件"|"保存"命令，均可保存文件。SolidWorks 在存储文件时，会判断目前操作环境的模式，然后在文件名称后自动加入适当的扩展名。如果用户要存储成其他的文件格式时，直接在"保存类型"下拉列表框中选取所需要的文件类型，系统就会自动进行转换运算，单击按钮"保存"文件，如图 1-1-5 所示。

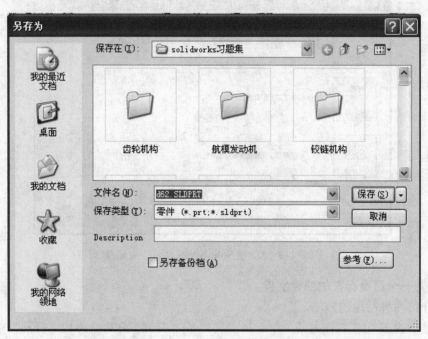

图 1-1-5 "另存为"对话框

4．选择已经打开的部件文件

打开如图 1-1-2 所示的界面，通过选择菜单栏中的"窗口"选项，可以在已经打开的多个文件间切换所显示的工作文件，这与 Windows 的操作习惯是一样的。SolidWorks 允许同时打开多个文件，但当前只能有一个工作文件。

1.2 基本操作

1.2.1 鼠标操作

SolidWorks 2014 中，鼠标的操作和 Windows 操作系统下的操作方式基本相同。

1．左键

◇ 单击左键：选择实体或取消选择实体。

◇ Ctrl+单击左键：选择多个实体或取消选择实体。
   ◇ 双击左键：激活实体常用属性，以便修改。
   ◇ 拖动左键：利用窗口选择实体，绘制草图元素，移动、改变草图元素属性等。
   ◇ Ctrl+拖动左键：复制所选实体。
   ◇ Shift+拖动左键：移动所选实体。
2．中键
   ◇ 拖动中键：旋转画面
   ◇．Ctrl+拖动中键：平移画面（启动增移后，即可放开 Ctrl 键）。
   ◇ Shift +拖动中键：缩放画面（启动缩放后，即可放开 Shift）
3．右键
   ◇ 单击右键：弹出快捷菜单，选择快捷操作方式。
   ◇ 拖动右键：修改草图时旋转草图。

1.2.2 显示控制

SolidWorks 2014 窗口控制和模型显示有多种实现手段：
（1）执行主菜单栏中"视图"|"显示"命令，实现窗口的各种变化
（2）打开"视图"工具条，也可实现各窗口的变化，如图 1-1-6 所示。

图 1-1-6 "视图"工具条

（3）利用绘图区顶部的"视图"快捷工具栏中的各项命令进行窗口显示方式的控制和操作，SolidWorks 2014 软件的这种改进最大程度的扩大绘图区域，用户可以不打开"视图"工具条就可以实现各种视图操作，操作方便、快捷，如图 1-1-7 所示。
（4）当鼠标处于绘图区空白处时，没有执行命令时，右击弹出如图 1-1-8 所示的快捷菜单，此时，通过该菜单可选择视图的显示方式。

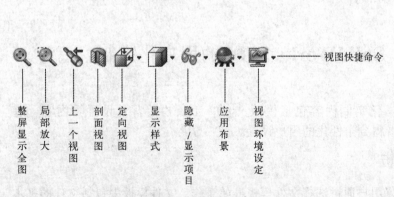

图 1-1-7 绘图区"视图"快捷工具栏　　　　图 1-1-8 绘图区"视图"快捷菜单

窗口的控制可以有多种形式,用户可以根据具体情况灵活掌握。

"视图"快捷工具栏命令中模型显示样式的效果图,如图1-1-9所示。

图1-1-9 模型显示样式的效果图

1.2.3 切换视图方向控制

"视图"快捷工具栏中的"视图定向"按钮实现了视图方向的切换,视图方向可以从模型不同的方向观看模型,利用其中的"前视"、"后视"、"左视"、"右视"、"上视"、"下视"命令可以得到6个基本视图方向的视觉效果,如图1-1-10所示。

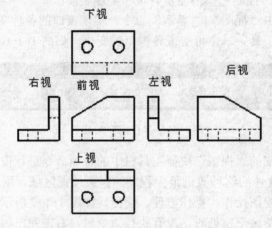

图1-1-10 6个基本视图方向的视觉效果

另外 SolidWorks 2014 还可以利用"旋转视图"命令 得到任意角度的轴测图,利用"正视于"命令 得到指定平面的正视图。

1.3 SolidWorks 2014 的用户化定制

SolidWorks 2014 的用户化定制内容包括模板文件、工具栏、背景设置等内容,使 SolidWorks 符合国家标准或者得到个性化的用户设置。

1.3.1 建立新文件模板

当用户新建文件时,建议用户通过选择文件模板开始工作。文件模板中包括文件的基本工作环境设置,如度量单位、网格线、尺寸标注方式和线型等,建议用户根据需求定制文件模板。设定良好的文件模板有助于用户减少在环境设定方面的工作量，从而加快工作速度。文件模板包括零件模板、装配体模板、工程图模板，三种模板配套使用，相互关联，只有配套的一组模板共同使用才能实现自动的标题栏和明细表。

这里首先介绍零件模板的操作步骤，装配模板和工程图模板在后续的项目中介绍。

具体操作步骤如下：

（1）单击"标准"工具栏上的"新建"按钮，在弹出的"新建 SolidWorks 文件"对话框中单击"零件"图标，然后单击"确定"按钮，进行新零件模板创建。

（2）在标准工具栏上，单击"选项"按钮，弹出"系统选项"对话框，然后切换到"文件属性"选项卡，如图 1-1-11 所示。

图 1-1-11 "系统选项"对话框

（3）单击"绘图标准"选项，在"总绘图标准"选项组中选中"GB"选项。

（4）单击"单位"选项，在"单位系统"中选择"MMGS(毫米、克、秒)(G)"，也可以根据需要在下拉列表中选择"长度、质量、时间"三单位的精度。更改单位使之符合常规机械设计习惯。

（5）单击"材料属性"选项，输入默认材质密度为：0.00785g/mm^3，目的是为了在没有指定材质时也能准确计算大多数零件重量。单击"确定"按钮退出"系统选项"对话框。

（6）在菜单栏中选择"文件"|"属性"命令，弹出"摘要信息"对话框，定义文件属性内容。

① 在"摘要"选项卡中，输入作者、关键字等。

② 在"自定义"选项卡中确认零件质量、材料、单重三属性，也可以添加自定义的其他属性，它们会被链接到工程图的标题栏或装配图文件的材料明细表中，如图 1-1-12 所示。

图 1-1-12 "自定义"选项卡

单击"确定"按钮,完成设置。

(7)完成文件模板设置后,单击"标准"工具栏上的"保存"按钮,弹出"另存为"对话框。在"保存类型"下拉列表框中选择零件模板 Part Templates(*.prtdot),此时文件的保存目录会自动切换到 SolidWorks 安装目录:\data\Templates。在安装目录下建立"我的模板"文件夹,将设定的文件模板保存在该文件夹中。此后在新建 SolidWorks 文件时,在"新建 SolidWorks 文件"对话框中会自动出现"我的模板"标签。

1.3.2 设置工具栏

由于 SolidWorks 命令较多,全部布置在窗口界面中则会使绘图区太小,此时可根据实际情况做必要的增减,具体操作步骤如下:

(1)在菜单栏中选择"工具"|"自定义"命令,弹出"自定义"工具栏对话框。

(2)切换到"工具栏"选项卡,选择所需的工具栏的复选框,桌面上若有不需要的工具条,则取消该工具条复选框。

(3)如选中的工具栏中没有需要的命令,则把"工具栏"选项卡切换到"命令"选项卡,选中所需工具栏,则在"按钮"区出现该工具条的所有命令按钮,按住要新增的按钮,再拖到工具栏的适当位置后放开,如图 1-1-13 所示。

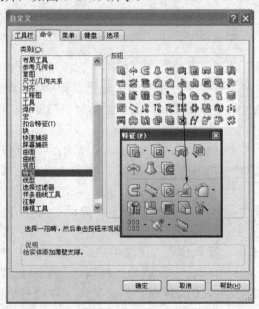

图 1-1-13 新增命令按钮

说明：减少命令按钮时，只要从该工具栏中把要减少的按钮拖回"自定义"对话框中。

1.3.3 背景设置

用户可以通过设置颜色、背景等在 SolidWorks 2014 中得到个性化的工作背景和用户界面，具体操作步骤如下：

（1）选择"工具"|"选项"命令，弹出"系统选项"对话框。切换到"系统选项"选项卡，选择"颜色"选项。在"颜色方案设置"列表框中选择"视区背景"选项，如图 1-1-14 所示。然后单击"编辑"按钮，弹出"颜色"对话框，选定绘图区颜色，再单击"确定"按钮。

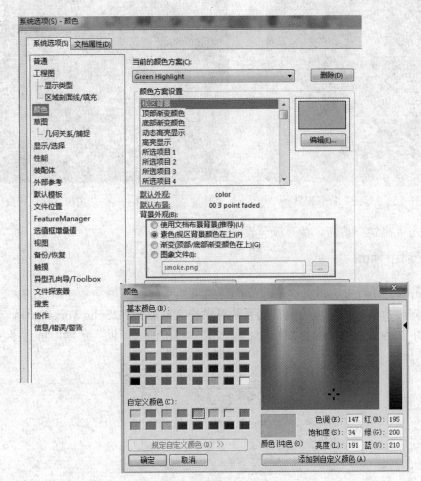

图 1-1-14　背景颜色设置

（2）SolidWorks 2014 软件背景的设置分为 4 种类型：
- 使用文档布景背景（推荐）（U）。选择该背景设置，只能单击"视图"工具条中"应用布景"按钮，设定模型的特定布景。而改变上述"颜色方案设置"中任一选项，则不能改变模型布景。
- 素色（视区背景颜色在上）（P）。选择"素色"背景，则在"颜色方案设置"中只能选择"视区背景"，并编辑视区背景颜色，背景成单一的颜色。

◇ 渐变（顶部/底部渐变颜色在上）(G)。选择"渐变"背景，则在"颜色方案设置"中只能选择"顶部渐变颜色"和"顶部渐变颜色"两种，编辑视区背景颜色后，背景成一逐渐变化的颜色，如图 1-1-15 所示。
◇ 图像文件（I）。选择"图像文件"背景，则可以通过该选项下方的浏览器浏览到自己喜欢的图像文件作为背景。图像文件格式可以为：*.bmp、*.gif、*jpg、*jpeg 等，如图 1-1-16 所示。

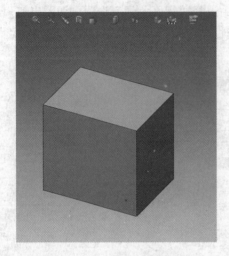

图 1-1-15 "渐变"背景设置　　　　　图 1-1-16 "图像文件"背景

（3）单击"确定"按钮，保存颜色设置。

1.3.4 利用帮助

SolidWorks 2014 为用户提供了方便快捷的帮助系统和新增功能使用说明，用户在使用过程中遇到问题都可以通过强大的帮助系统寻求答案，而且在 SolidWorks 2014 为用户附带的指导教程中，各章节的分类更加细致，单击菜单栏中的"帮助"选项，可选择各分选项，如图 1-1-17 所示。

图 1-1-17 SolidWorks 帮助系统

选择"帮助"|"SolidWorks 帮助（H）"命令，弹出"SolidWorks"对话框，如图 1-1-18 所示。该教程左侧的目录区包括"目录"、"搜索"、"收藏夹"3 个选项卡。"目录"按照 SolidWorks 的基本功能模块进行组织，弹开目录下各分项前的"+"可展开对应的内容；如果"搜索"项中按输入的关键词可列出主题，也可搜索到需要的内容，如图 1-1-19 所示。

项目 1　SolidWorks 2014 软件入门

图 1-1-18　按"目录"展开帮助系统

图 1-1-19　按"搜索"列出帮助主题

选择"帮助"|"SolidWorks 指导教程"命令，弹出如图 1-1-20 所示对话框，可以选择相应的章节进行学习。

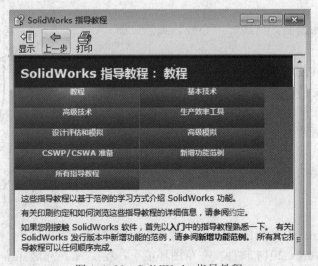

图 1-1-20　SolidWorks 指导教程

项目 2　参数化草图绘制

 学习目的

项目 2 介绍 SolidWorks 2014 软件草图的绘制方法，掌握 2D 平面草图添加尺寸约束和几何约束方法；掌握各空间曲线的创建方法，为后继的三维模型的创建打下基础。

 学习目标

1．2D 平面草图绘制
- ◇ 掌握绘制草图命令：直线、圆弧、圆、多边形、中心线、文字、椭圆、矩形等。
- ◇ 掌握草图工具使用方法：圆角、倒角、镜像、圆周阵列、等距实体、剪裁、延伸。
- ◇ 掌握草图尺寸标注基本方法：线性尺寸、角度尺寸、圆弧尺寸。
- ◇ 掌握草图几何约束的基本方法：添加几何关系、显示/删除几何关系。
- ◇ 掌握数值共享和方程式使用方法。

2．掌握空间曲线创建方法

组合曲线、投影曲线、分割线、通过坐标点的曲线、通过参考点的曲线、螺旋线/涡状线。

模块 2.1　吊钩轮廓图绘制

 学习目标

1．掌握实体草图绘制：直线、中心线、圆弧、圆、圆弧槽口。

2．掌握草图工具使用方法：镜像、剪裁、延伸、倒圆角、倒斜角、等距实体。

3．掌握尺寸标注基本方法：线性尺寸、圆弧尺寸。

4．掌握草图几何约束：相切、同心、水平、垂直、重合。

5．了解显示/删除几何关系使用方法。

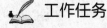 **工作任务**

正确理解图 2-1-1 中吊钩图形特点，建立正确的绘图思路，运用 SolidWorks 2014 软件，在草图环境下，绘

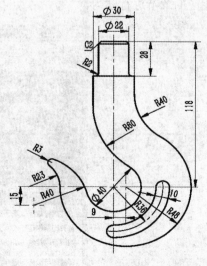

图 2-1-1　吊钩轮廓图

制完整图形,使草图完全约束。

 工作任务分析

吊钩轮廓图具有一定典型性,难易适中,图中包括圆角、斜角、圆弧槽、圆、直线、中心线的画法,常见的尺寸标注形式。绘图的基本思路是首先绘制基准线(中心线);再绘制已知的图线(圆、圆弧、直线);接着绘制未知的图线(倒圆角、倒斜角、圆弧槽),在绘图的同时添加几何约束关系;最后给图线添加尺寸约束关系。

 相关知识汇总

2.1.1 进入和退出草图环境

草图是三维建模的基础,在 SolidWorks 建模环境中,我们可以按照以下步骤进入草图环境:

选择某一平面,单击 CommandManager 中的"草图"按钮 ,再在菜单栏中选择"插入"|"草图绘制",单击鼠标右键,继续选择"草图绘制"选项。这样就进入草图环境,如图 2-1-2 所示。

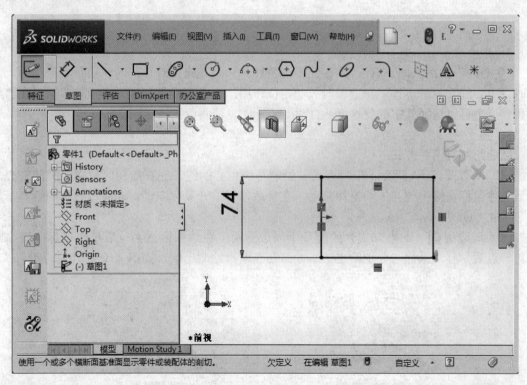

图 2-1-2 草图环境

提示:上述所说某一平面,可以是系统自带的 3 个基准面(FRONT、TOP、RIGHT);也可以是自创的基准面;还可以是已经存在的模型的平面。

绘制完成草图后,单击草图工具栏上的"退出草图"按钮 ,或者单击绘图区右上角的"退出草图"按钮 或单击"取消"按钮 ,就可以退出草图环境。

2.1.2 草图绘制实体

1. 直线

利用"直线"按钮可以绘制水平、垂直、倾斜直线。单击草图工具栏上的"直线"按钮，在绘图区适当位置单击鼠标左键，给定第一个点（起点）后，拖动鼠标给定第二点（终点），即可画出直线。图 2-1-3 所示为直线的 3 种状态。

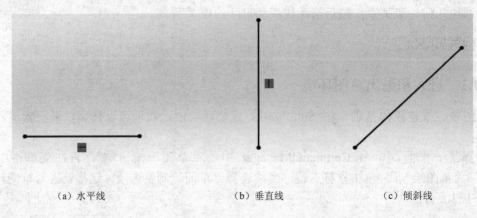

(a) 水平线　　　　　　　(b) 垂直线　　　　　　　(c) 倾斜线

图 2-1-3　直线的三种状态

2. 中心线

"中心线"的画法同"直线"，在此不再赘述。只是在建模时它们的作用是不一样的，建模时"中心线"忽略不计，在绘图时只起定位作用；而"直线"则生成模型轮廓。但在"线条属性"中可以选择其中的复选框 ☑作为构造线(C)，使两者互换。

3. 圆

圆的绘制有两种方式：

（1）中心圆 （圆心、半径方式）绘制基于中心的圆。先在绘图区域指定圆的圆心，然后按住鼠标左键不放并拖动鼠标移动，在合适位置放开鼠标左键，即完成该圆的绘制，如图 2-1-4（a）所示。

（2）周边圆 （三点方式）绘制基于周边的圆。在绘图区适当位置单击鼠标左键，给定第一点后，移动鼠标，分别给定第二、第三点即可绘制出圆，如图 2-1-4（b）所示。

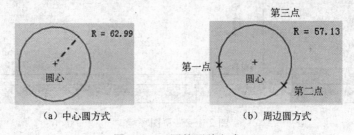

(a) 中心圆方式　　　　　　　(b) 周边圆方式

图 2-1-4　圆的两种方式

4. 圆弧

圆弧的绘制有 3 种方式。

（1）圆心/起点/终点画圆弧 。用鼠标左键单击"圆心/起点/终点"按钮 ，移动鼠标左键在绘图区域指定圆弧的圆心,然后移动鼠标,这时在屏幕将显示一个蓝色虚线的圆弧,在合适位置单击鼠标左键给定圆弧起点,再移动鼠标左键给定圆弧终点,整段弧就确定了,如图 2-1-5(a)所示。

(2)三点圆弧 。通过指定三个点(起点、终点、圆弧上的点)绘制草图圆弧。先指定圆弧的开始点和终止点的位置,移动鼠标,在适当的位置给定圆弧上的点,即可绘制出一段圆弧,示例如图 2-1-5(b)所示。

(3)切线弧 。与已存在草图实体相切的圆弧。先选取草图图形直线或圆弧的端点位置作为圆弧的起点,移动鼠标,在适当位置单击给定圆弧终点,即可产生一个与该直线或圆弧相切的新的圆弧,示例如图 2-1-5(c)。

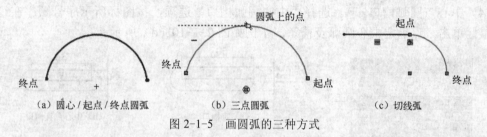

图 2-1-5 画圆弧的三种方式

5. 倒圆角

"绘制圆角"工具在两个草图实体的交叉处裁剪掉角部,从而生成一个切线弧,可用于直线之间、圆弧和直线之间或圆弧和圆弧之间的倒圆。在"绘制圆角"属性管理器中设置好半径后,分别选择两个草图实体或选中两草图实体的交点,则会在两个草图实体之间倒出圆角。注意两草图实体间一定要有交点或存在延长线上的交点。倒圆角示例如图 2-1-6 所示。

图 2-1-6 倒圆角示例

6. 倒斜角

"倒斜角"工具可将倒角应用到相邻的具有交点的草图实体中,操作方法和倒圆角类似。它有两种类型的倒角:"角度-距离"和"距离-距离",在"绘制倒角"的属性管理器中可以选择,如图 2-1-7 所示,倒角的两种形式如图 2-1-8 所示。

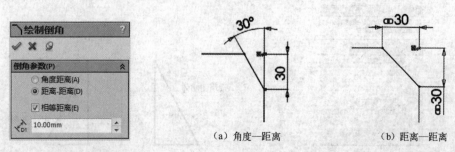

图 2-1-7 "绘制倒角"属性管理器   图 2-1-8 "绘制倒角"的两种方式示例

7. 圆弧槽口

"圆弧槽口"可以绘制键槽类型的结构,单击"圆弧槽口"按钮,弹出"槽口"对话框,共有 4 种类型的槽口,如图 2-1-9 所示。

(1) 直槽口。选择"直槽口"选项,按图标所示序号顺序在绘图区移动鼠标单击三点确定槽口两中心点位置及槽宽,示例如图 2-1-10 (a) 所示。根据需要可以更改尺寸。

(2) 中心点直槽口。操作方法和上述相似,确定槽口中心、圆弧中心及槽宽,示例如图 2-1-10 (b) 所示。

(3) 三点圆弧槽口。选择"三点圆弧槽口"选项,按图标所示序号顺序在绘图区移动鼠标单击三点确定中心圆弧及槽宽。示例如图 2-1-10 (c) 所示。

(4) 中心点圆弧槽口。选择"中心圆弧槽口"选项,按图标所示序号顺序在绘图区移动鼠标单击三点确定中心圆弧及槽宽。示例如图 2-1-10 (d) 所示。

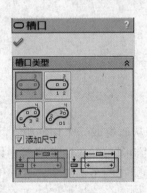

图 2-1-9 "槽口"对话框

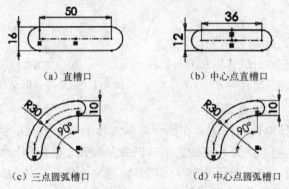

(a) 直槽口　　(b) 中心点直槽口

(c) 三点圆弧槽口　　(d) 中心点圆弧槽口

图 2-1-10 "槽口"四种示例

2.1.3 草图工具

1. 镜像实体

用草图对象相对于镜像点(线)作对称复制,如果改变被镜像的实体,则其镜像图像也会随之而改变。

单击"镜像"按钮,弹出"镜像"对话框,如图 2-1-11 所示。在"要镜像的实体"栏中选取被镜像的对象;在"镜像点"栏中选取镜像线,勾选"复制",即可得到镜像实体,如图 2-1-12 所示。

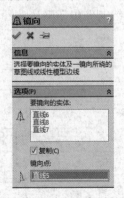

图 2-1-11 "镜像"对话框

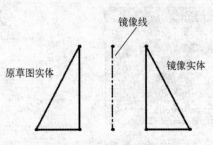

图 2-1-12 镜像示例

提示：镜像线要预先作好。

2. 修剪实体

将选定的实体对象修剪或延伸（仅对强劲剪裁、边角类型有效），剪裁分为 5 种类型，分别说明如下。

（1）强劲剪裁。使用强劲剪裁可以通过按鼠标左键"扫"过需要剪裁的实体来擦除实体图线，剪裁过程类似"橡皮"功能，被剪裁的对象可以是整段线也可以是部分线，结果如图 2-1-13（a）所示。延伸时只需用光标按实体端点拖动到所需位置，结果如图 2-1-13（b）所示。

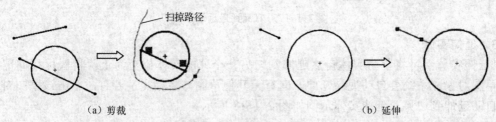

图 2-1-13 强劲剪裁

（2）边角。延伸或剪裁两个草图实体，直到它们在虚拟边角处相交，选择直线 1、直线 2 需保留侧，即可实现边角剪裁，如图 2-1-14 所示。

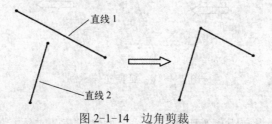

图 2-1-14 边角剪裁

（3）在内剪除。剪裁位两个边界内开放的草图实体，边界实体必须与剪裁对象必须有交点。示例如图 2-1-15 所示。

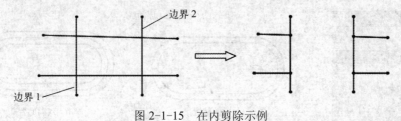

图 2-1-15 在内剪除示例

（4）在外剪除。剪裁位于两边界实体外的开放的草图实体，边界实体必须与剪裁对象必须有交点。示例如图 2-1-16 所示。

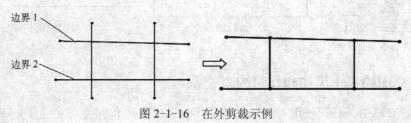

图 2-1-16 在外剪裁示例

※ 提示：在上述两种剪裁方式中，以直线作为边界实体，则不能剪裁与之相交的封闭连续曲线，如整圆或封闭的样条曲线。

（5）剪裁到最近端 ⊢。将实体剪裁到最近的交点处为止，示例如图 2-1-17 所示。

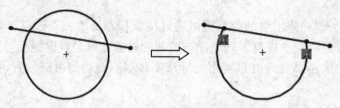

图 2-1-17　剪裁到最近端示例

3．延伸实体

"延伸实体"可将草图实体自然延伸到与另一个草图实体相交为止。将鼠标指向需要延伸的草图对象，系统会自动搜寻延伸方向有无其他草图与之相交，若有，单击该草图对象，则会自动延伸到边界。延伸实体示例如图 2-1-18 所示。

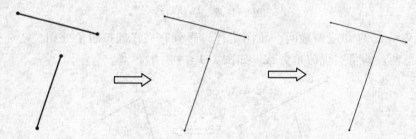

图 2-1-18　延伸实体示例

4．等距实体 ⊐

"等距实体"通过一指定距离等距面、边线、曲线或草图实体。单击"等距实体"按钮，弹出其对话框，如图 2-1-19 所示。根据选项不同，可得到不形式的曲线，示例如图 2-1-20 所示。

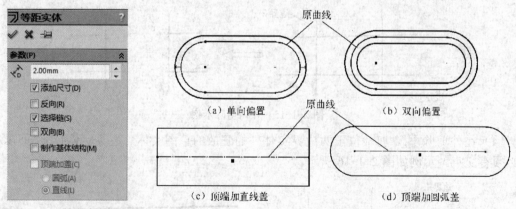

图 2-1-19　"等距实体"对话框　　　　图 2-1-20　"等距实体"示例

2.1.4　草图约束（尺寸和几何约束关系）

要完全定义草图，必须使用"智能尺寸"工具和"添加几何关系"工具分别给草图添加尺寸和几何关系，这样草图的大小和相对位置才能唯一确定下来。

1. 尺寸约束

图形的尺寸反映了草图体的大小，使用"智能尺寸"，根据所选择对象不同，可分别标注线性尺寸、角度尺寸、圆或圆弧尺寸。

（1）线性尺寸。线性尺寸可标注单个直线、两平行直线、点和直线之间或点和点之间的尺寸，标注类型可以是水平、垂直和倾斜的线性尺寸。示例如图 2-1-21 所示。

（2）角度尺寸。分别选择两根草图直线，然后移动鼠标为每个尺寸选择不同的位置可生成不同角度，示例如图 2-1-22 所示。

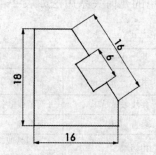

图 2-1-21　线性尺寸标注示例

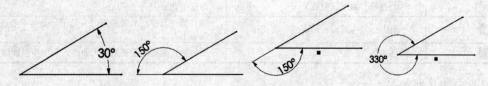

图 2-1-22　角度标注示例

（3）圆弧尺寸。选择整圆或圆弧，可以标注直径或圆弧半径，如图 2-1-23 所示。

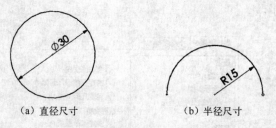

(a) 直径尺寸　　　　(b) 半径尺寸

图 2-1-23　圆和圆弧尺寸标注示例

两圆之间的尺寸标注，分别选择两圆弧，切换选项不同，可以标注最大、最小、中心之间的距离，示例如图 2-1-24 所示。

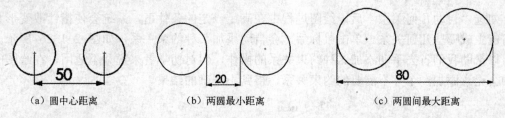

（a）圆中心距离　　　　（b）两圆最小距离　　　　（c）两圆间最大距离

图 2-1-24　两圆间尺寸标注示例

2. 几何约束

"几何约束"是指各绘图实体之间或绘图实体与基准面、轴、边线、端点之间的相对位置关系，如平行、垂直、同心、重合等。几何关系的作用是给草图确定位置。

（1）几何关系类型。SolidWorks 2014 共提供了多种几何关系，常见的有水平、垂直、平行、共线、相切、重合、相等、对称、同心、中点、交叉点、固定、穿透等。当用户选择不同的草图对象时，系统会自动地在"属性管理器"中列出所有可能的几何关系以选择。常用的几何关系用法如表 2-1-1 所示。

表 2-1-1 常用几何关系表

几何关系	要选择的实体	所产生的几何关系
水平━或竖直┃	一条或多条直线、两点或多点	直线会变成水平或竖直状态 两点或多点会处在水平或竖直位置
共线╱	两条或多条直线	项目位于一条无限长的直线上
垂直⊥	两直线	两直线相互垂直
相切⌒	一圆弧或椭圆、样条曲线,与一直线或圆弧	两项目保持相切
同心◎	两个或多个圆弧与一个点或一个圆弧。	两圆弧共用同一圆心
交叉点	两直线和一个点	点保持在两直线的交点处
重合╳	一个点与一曲线(直线)	点位于曲线上
对称▱	一条中心线与两点、两直线、两曲线	项目保持与中心线等距离,并位于一条与中心线垂直的直线上
固定	任意实体	实体位置被固定,若是封闭曲线,则大小也被固定

（2）添加几何关系。

① 自动添加几何关系。单击菜单栏"工具"|"选项",在弹出的对话框中分别选择"系统选项"|"草图"|"几何关系/捕捉",然后在对话框的右边勾选"自动几何关系"选项,如图 2-1-25 所示。

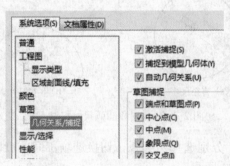

图 2-1-25 "系统选项"对话框

勾选"自动几何关系"后,绘图过程中在满足一定的条件下,系统会使指针改变形状显示可能生成哪些几何关系。单击鼠标后,会自动添加某种约束关系,如图 2-1-26 所示。这样可以帮助我们省去手动添加这种约束关系的操作,但对初学者来说并不适用,在绘图的过程中会无意添加一个并不需要的约束关系,得到不正确的结果。

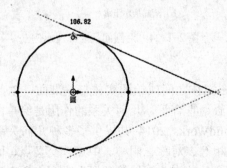

图 2-1-26 自动添加几何关系示例

② 手动添加几何关系。在很多情况下，草图实体需要手动添加几何关系，其操作过程是：单击"添加几何关系"按钮 ⊥，选择草图对象，在"添加几何关系"属性管理器中选择适当的几何关系即可，如图 2-1-27 所示。

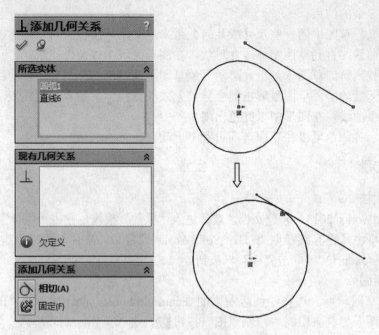

图 2-1-27 手动添加几何关系示例

（3）显示和删除几何关系。单击"显示/删除几何关系"按钮 ⊥，则当前草图中根据选择的过滤器不同，对应的尺寸和几何关系会在"显示/删除几何关系"属性管理器中列出来，如图 2-1-28 所示选中几何关系呈粉红色，可以帮助我们检查多余的或冲突的约束关系，从而将其删除。

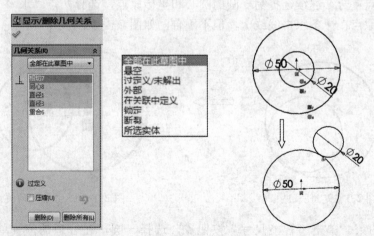

图 2-1-28 显示/删除几何学关系示例

3. 草图状态

草图状态有 5 种，草图的状态显示在 SolidWorks 窗口底端的状态栏上，分别介绍如下。

（1）完全定义。草图中所有的直线、曲线及其位置，均由尺寸或几何关系或两者说明。在图形区域中以黑色出现。

（2）过定义。有些尺寸、几何关系或两者处于冲突或多余，图形区域中以黄色出现，此时一定要移除多余的约束。

（3）欠定义。草图中的一些尺寸或几何关系未定义，草图位置可以随意改变，可以拖动端点、直线或曲线，直到草图实体改变形状，在图形区域中以蓝色出现。

（4）没有找到解。草图未解出，显示导致草图不能解出的几何体，以粉红色表示。

（5）发现无效的解。草图虽解出但会导致无效的几何体，如零长度线段，零半径圆弧或自相交叉的样条曲线，在图形中以红色出现。

上述所显示各颜色可以在草图选项设置中更改。

操作步骤

1. 新建文档

启动 SolidWorks 2014，新建文档，选择进入"零件"模块，单击"保存"图标按钮，在弹出的对话框中，保存路径取为 D：\SolidWorks\项目 2，文件名为"吊钩"，保存类型取"零件（*.prt，*.sldprt）"，单击"保存"按钮。

2. 绘制两圆

（1）进入草图环境。选择绘图区左侧的 FeatureManager 设计树下的"front"基准面，接着单击"草图"工具条中的"绘制草图"按钮，进入草图绘制环境。

（2）绘制圆。单击"圆"命令图标，选用"圆心、半径"方式绘画制任意两圆，如图 2-1-29 所示。

（3）约束。设置相关约束。

① 几何约束。单击"添加几何关系"按钮，选择任一圆的圆心和坐标原点，在"添加几何关系"属性管理器中自动出现可供选择的几何关系，选择其中的"重合"关系，则圆心会自动与原点重合。继续选择另一圆的圆心和坐标原点，选择两点"水平"的几何关系，则圆心和坐标原点在一条水平线线上，但不重合，如图 2-1-30 所示。

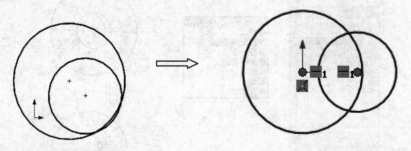

图 2-1-29 任意两圆　　　　　　　　图 2-1-30 添加几何关系

② 尺寸约束。单击"智能尺寸"按钮，选择一圆，在合适的位置单击鼠标左键，则会弹出"修改"对话框，如图 2-1-31 所示。在对话框中输入 40 并单击按钮。采用同样方法，标注另一圆尺寸 $\phi 96$，结果如图 2-1-32 所示。继续选择两圆，标注两圆心间距离 9。

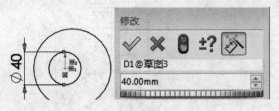
图 2-1-31 "修改"对话框

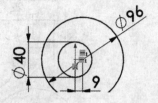
图 2-1-32 尺寸标注

3．绘制吊钩的直杆部分

（1）绘制直线。单击"中心线"命令按钮，通过原点画一条竖直的中心线，再用"直线"命令绘制两条水平线和四条竖直线，如图 2-1-33 所示。

（2）添加约束。添加几何和尺寸约束。

① 几何约束。首先选择上部两竖直线及中心线，接着单击"添加几何关系"按钮，在弹出的"添加几何关系"属性管理器中选择"对称"选项。采用同样方法，选择下部两竖直线和中心线，约束两直线关于中心线对称，如图 2-1-34 所示。

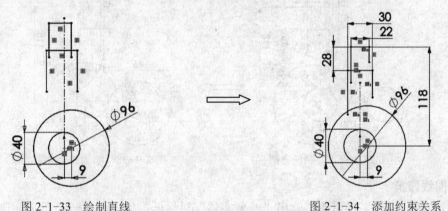

图 2-1-33 绘制直线　　　　　　　　图 2-1-34 添加约束关系

② 尺寸约束。单击"智能尺寸"命令按钮，选择上部两直线，标注线性距离 22。同样标注下部两直线线性距离 30。选择顶端水平直线和坐标原点，标注点线间距离 118。同样两水平线间距离 28，如图 2-1-34 所示。

4．绘制 R40、R60、R23、R40、R3 圆弧

因 SolidWorks 软件无法对封闭的草图曲线倒圆角，所以这 4 段圆弧均要"手工"绘制，画法上述绘圆方法一致。

（1）单击"3 点圆弧"按钮，分别在直线和 $\phi96$ 和 $\phi40$ 之间附近位置绘制任意大小两圆弧，注意不要添加"意外"的约束关系，如图 2-1-35 所示。

（2）单击"添加几何关系"按钮，添加任意圆弧和直线与圆 $\phi96$ 和 $\phi40$ 相切。单击"智能尺寸"命令按钮，标注两圆弧尺寸 R60 和 R40，如图 2-1-36 所示。

（3）采用同样方法在吊钩的弯钩部分绘制另两个任意圆，如图 2-1-37 所示。

（4）单击"添加几何关系"按钮，添加其中一圆与 R48 圆外切，并使两圆心在同一水平线上，添加另一圆与 $\phi40$ 圆外切。单击"智能尺寸"命令按钮，标注两圆直径为 $\phi46$ 和 $\phi80$（亦可在"尺寸"属性对话框中更改标注为 R23 和 R40），标注 $\phi80$ 圆的圆心与 $\phi40$ 圆的圆心垂直距离 15，如图 2-1-38 所示。

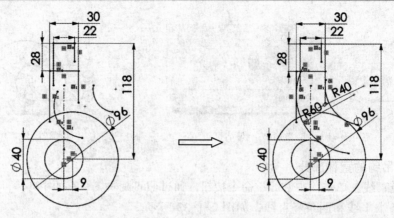

图 2-1-35　任意两圆弧　　　　　图 2-1-36　任意两圆弧添加约束关系

（5）采用同样方法添加 $\phi 46$ 和 $\phi 80$ 两圆之圆的小圆 R3，如图 2-1-38 所示。

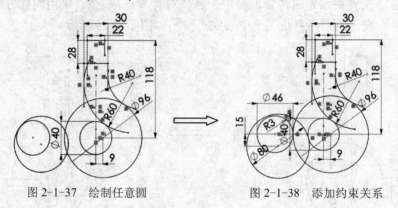

图 2-1-37　绘制任意圆　　　　　图 2-1-38　添加约束关系

5. 图线修剪

单击"修剪实体"按钮，弹出"修剪实体"对话框，如图 2-1-39 所示。选中"裁剪到最近端"选项，移动光标到需修剪的图线部分，把多余的图线修剪掉。若有需要，可单击"延伸实体"按钮，延长短缺的图线，结果如图 2-1-40 所示。

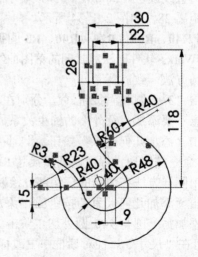

图 2-1-39　"剪裁实体"对话框　　　　　图 2-1-40　剪裁后的草图效果

6. 倒圆角、倒斜角

（1）单击"绘制圆角"按钮，弹出"绘制圆角"对话框，如图 2-1-41 所示。在"圆角参数"选项中输入 2，选择圆角的两边线或选择两边线的交点，结果如图 2-1-42 所示。

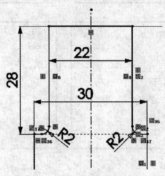

图 2-1-41 "绘制圆角"对话框　　　图 2-1-42 绘制圆角效果图

（2）单击"绘制倒角"按钮，弹出"绘制倒角"对话框，如图 2-1-43 所示。在"圆角参数"选项中选择"距离-距离"，勾选"相等距离"，输入距离值 2。选择倒角的两边线或选择两边线的交点，结果如图 2-1-44 所示。

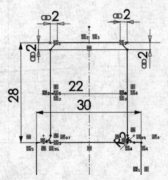

图 2-1-43 "绘制倒角"对话框　　　图 2-1-44 绘制倒角效果图

7. 绘制圆弧槽口

单击"三点圆弧槽口"按钮，在 $\phi 40$ 圆和 R48 圆弧间任意位置绘画制一槽口，添加槽口圆心与 $\phi 40$ 圆心重合。添加槽口两端圆弧端点分别与 $\phi 40$ 圆心水平关系和垂直关系。用鼠标双击槽口宽尺寸和圆弧半径，更改槽口宽度为 10，圆弧半径为 R36，结果如图 2-1-45 所示。

8. 保存文档

单击"保存"按钮，完成吊钩轮廓草图创建，结果如图 2-1-1 所示。

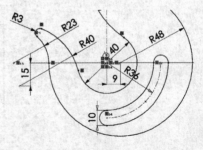

图 2-1-45 槽口效果图

⚙ 重点串联

吊钩绘制关键步骤，如图 2-1-46 所示。

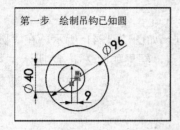 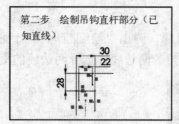 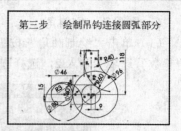
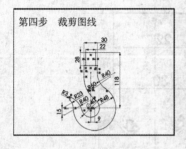 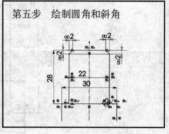 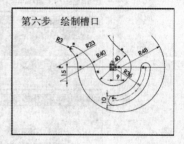

图 2-1-46 吊钩绘制关键步骤

 练习

练习绘制如图 2-1-47 和图 2-1-48 所示草图。

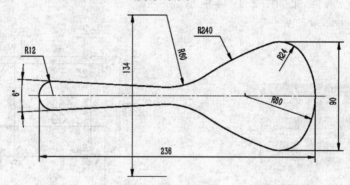

图 2-1-47 练习 1

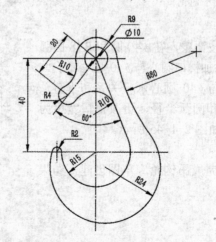

图 2-1-48 练习 2

模块 2.2　钩线板轮廓图绘制

学习目标

1. 掌握实体草图绘制：椭圆、多边形、文字、矩形。
2. 掌握草图工具使用方法：线性阵列、圆周阵列。
3. 掌握草图几何约束：重合、平行、对称。
4. 了解系统选项中有关草图的设定。
5. 掌握数值共享和方程式使用方法。

工作任务

正确理解图 2-2-1 中钩线板图形特点，建立正确的绘图思路，运用 SolidWorks 2014 软件，在草图环境下，绘制完整图形，运用草图约束工具，使草图完全约束。

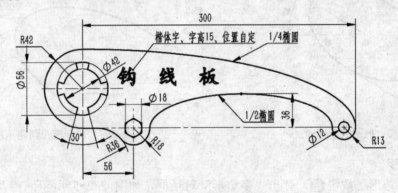

图 2-2-1　钩线板轮廓图

工作任务分析

钩线板轮廓图绘制难度稍有提高，包含的内容也较丰富。图线部分有圆、圆弧、椭圆、多边形、文字等，几何约束部分主要有重合、对称、平行、圆周阵列等。绘图的顺序还是先画已知图线，接着画未知图线，再添加适当的辅助线，最后添加合适的约束关系。

相关知识汇总

2.2.1　草图绘制实体

1. 椭圆与椭圆弧

SolidWorks 提供了绘制椭圆和椭圆弧的功能。

（1）椭圆。单击"椭圆"按钮 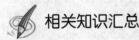，在绘图区适当位置单击鼠标左键定义椭圆中心位置，拖动鼠标单击确定椭圆的一个轴和方位，如图 2-2-2（a）所示。再次拖动鼠标并单击设定椭圆的另一轴，如图 2-2-2（b）所示。

(a) 轴及其方位　　　　　　(b) 另一轴的确定

图 2-2-2　椭圆创建示例

要改变椭圆的大小，可标注椭圆长轴和短轴尺寸并修改，如图 2-2-3 所示，也可标注半长轴和半短轴，当然也要标注椭圆的方位尺寸才能完全定义。

（2）椭圆弧。单击"椭圆弧"按钮 ⌒，在绘图区适当位置单击鼠标左键定义椭圆中心位置，拖动鼠标单击确定椭圆的一个轴和方位，继续拖动鼠标单击确定椭圆弧的起点，同时也确定了椭圆弧的另一轴的长度，最后拖动鼠标单击确定椭圆弧的终点位置，如图 2-2-4 所示。

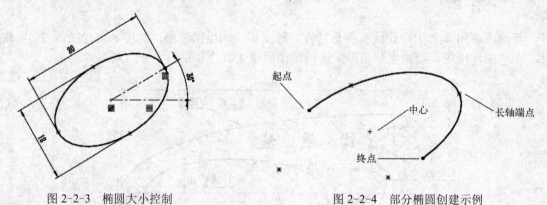

图 2-2-3　椭圆大小控制　　　　　　图 2-2-4　部分椭圆创建示例

2. 多边形

单击"多边形"按钮 ⬡，弹出"多边形"对话框，如图 2-2-5 所示。在"参数"选项中输入多边形边数，选中"内切圆"或"外接圆"，在绘图区适当位置单击确定多边形的中心，移动鼠标再单击以确定多边形的大小和方位。选项说明如下。

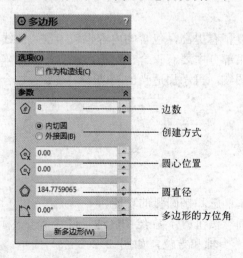

图 2-2-5　"多边形"对话框

- 作为构造线：勾选后可作为构造线（点划线），否则为实体图线。
- 边数：设定多边形的边数，可设置 3～40 个边。
- 内切圆：在多边形内显示内切圆以定义多边形的大小，如图 2-2-6（a）所示。
- 外接圆：在多边形外显示外接圆以定义多边形的大小，如图 2-2-6（a）所示。

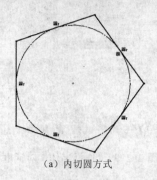 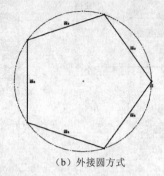

（a）内切圆方式　　　　　　　　　　　（b）外接圆方式

图 2-2-6　多边形两种创建方式

- 圆直径：显示内切圆或外接圆的直径。
- 角度：确定多边形的方位角。效果如图 2-2-7 所示。

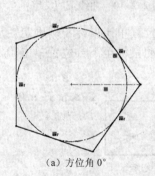 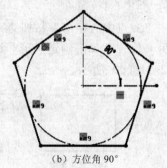

（a）方位角 0°　　　　　　　　　　　（b）方位角 90°

图 2-2-7　"角度"方位角比较

3．文字

SolidWorks 可以在面、边线及草图实体上绘制文字（含中文、英文、数字、各种符号）。字符可以沿着选定的曲线，可以随时拖动，重新定位。单击"文字"按钮 A，弹出如图 2-2-8 所示的"草图文字"对话框。单击"字体"按钮，弹出"选择字体"对话框，如图 2-2-9 所示。在图形区域中选择一边线，在文本框中输入文字，如图 2-2-10 所示。

4．矩形

SolidWorks 提供了 4 种矩形和 1 种平行四边形的创建方法，分别是：边角矩形、中心矩形、3 点边角矩形、3 点中心矩形、平行四边形。

（1）单击"边角矩形"按钮 □，在绘图区适当位置单击鼠标左键确定第一个对角点位置，移动鼠标至另一位置并单击确定另一对角点，如图 2-2-11（a）所示。

（2）单击"中心矩形"按钮 □，在绘图区适当位置单击鼠标左键确定矩形中心点，移动鼠标至另一位置并单击确定矩形对角点，如图 2-2-11（b）所示。

（3）单击"3 点边角矩形"按钮 ◇，在绘图区适当位置单击鼠标左键确定矩形对角点 1，移动鼠标至另两位置并单击确定矩形另两顶点位置，如图 2-2-11（c）所示。

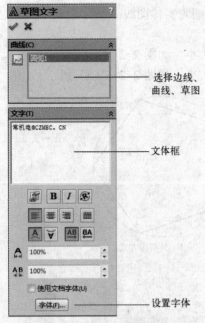

图 2-2-8 "草图文字"对话框

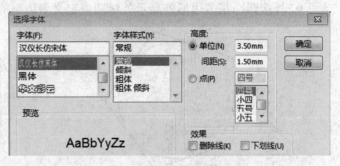

图 2-2-9 "选择字体"对话框

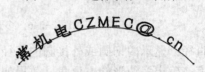

图 2-2-10 曲线上的文字

（4）单击"3 点中心矩形"按钮 ◇，在绘图区适当位置单击鼠标左键确定矩形中心点，移动鼠标至另一位置并单击确定矩形一边中点，继续移动鼠标至下一位置单击确定矩形对角点，如图 2-2-11（d）所示。

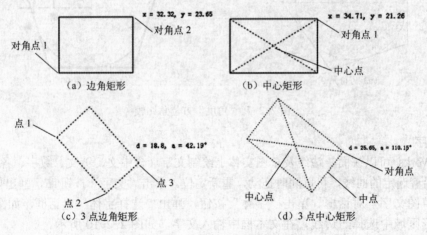

图 2-2-11 4 种矩形画法比较

（5）平行四边形。单击"平行四边形"按钮 ◻，在绘图区适当位置单击鼠标左键确定平行四边形一顶点，移动鼠标至另一位置并单击确定平行四边形另一顶点。继续移动鼠标，此时出现一动态的平行四边形，只要单击鼠标左键，即可画出平行四边形，如图 2-2-12 所示。

图 2-2-12 平行四边形

5．方程式驱动的曲线

SolidWorks 2014 提供了按方程式生成的平面

曲线，这样就可生成平面的任意规律曲线，大大拓了曲线使用范围。单击"方程式驱动的曲线"按钮，弹出其属性对话框。方程式类型有两种：显性和参数性，分别以显式方程和参数方程生成曲线，如图2-2-13和图2-2-14所示。

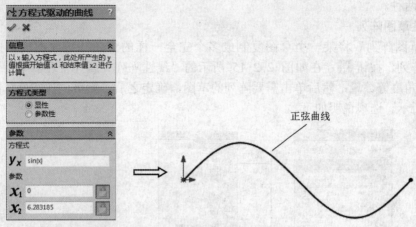

图2-2-13　显性方程生成曲线

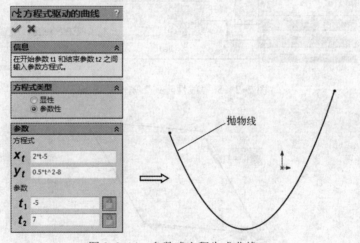

图2-2-14　参数式方程生成曲线

2.2.2　草图约束

除了模块2.1介绍的各种几何关系外，还有一些常见的几何关系如表2-2-1所示。

表2-2-1　常用几何关系用法

几何关系	要选择的实体	所产生的几何关系
平行	两条或多条直线	项目相互平行
中点	两条直线或一点和一直线	点保持位于线段中点
合并	两草图点或两图线端点	两点合并成一点
全等	两个或多个圆弧（圆）	项目位共用相同的圆心和半径
相等	两条或多条直线、两个或多个圆弧	长度相等或圆弧半径保持相等
穿透	一个草图点和一个基准轴、边线、直线、或样条曲线	草图点与基准、边线或曲线在草图基准面上穿透的位置重合。穿透几何关系应用于非同一平面草图之间的约束

2.2.3 草图阵列

草图阵列可以将草图对象多重复制并按一定的规律排布,它可以分为线性草图阵列和圆周草图阵列两种。

1. 线性草图阵列

"线性草图阵列"将某一个草图复制成多个完全一样的草图并按线性规律排列。单击"线性草图阵列"按钮 ,在如图 2-2-15 所示的"线性阵列"属性管理器中设置好间距、阵列数量和角度等数量,然后单击需要阵列的草图,确定之后,则可创建线性草图阵列,如图 2-2-16 所示。选项说明如下。

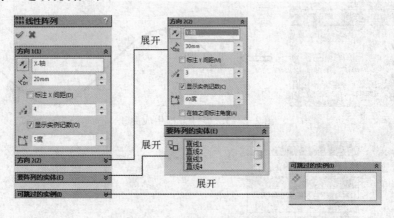

图 2-2-15 "线性阵列"属性管理器

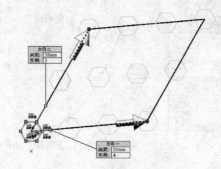

图 2-2-16 草图线性阵列示例

- ◇ 反向 :用于改变阵列方向。
- ◇ 间距 :用于设定阵列实例间的间距。
- ◇ 添加尺寸:用于显示阵列实例之间的尺寸。
- ◇ 数量 :用于设定阵列实例的数量。
- ◇ 角度 :用于设定阵列方向与水平 X 方向的夹角(逆顺时针方向为正)。
- ◇ 在轴之间添加角度尺寸:为阵列之间的角度显示尺寸。
- ◇ 要阵列的实体 :用于在图形区域中为要阵列的实体选择草图对象。
- ◇ 可跳过的实例 :用于在图形区域中选择不想包括在阵列中的实例。

2. 圆周草图陈列

"圆周草图陈列"以指定的圆心作为中心点,将草图对象沿圆周方向排列与复制。单击

"圆周草图阵列"按钮，在如图 2-2-17 所示的"圆周阵列"属性管理器中设置好阵列中心、阵列数量、间距等参数，然后单击需要阵列的草图对象，确定之后，则可创建圆周草图阵列，如图 2-2-18 所示。选项说明如下。

图 2-2-17 "圆周阵列"属性管理器

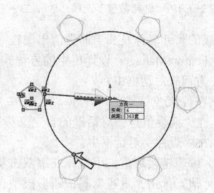

图 2-2-18 圆周阵列示例

- ◇ 反向：用于改变阵列方向，也可以重新定义圆周阵列的中心。
- ◇ 间距：用于设定阵列中包含的总度数。
- ◇ 添加尺寸：用于显示阵列实例之间的尺寸。
- ◇ 数量：用于设定阵列实例的数量（包括源特征）。
- ◇ 半径：用于设定阵列的半径。
- ◇ 圆弧角度：用于设定从所选实体的中心到阵列的中心点或顶点所测量的夹角。
- ◇ 等间距：用于设定阵列实例之间的间距相等。

2.2.4 链接数值与方程式

1. 链接数值

使用"链接数值"（也称"共享数值"或"链接尺寸"）链接两个或多个尺寸，无须使用关系式或几何关系。当尺寸用这种方式链接起来后，该组中任何成员都可以当成驱动尺寸来使用。改变链接数值中的任意一个数值都会改变与其链接的所有其他数值。

（1）创建链接数值。其操作步骤如下。

步骤一：绘制好草图或建好模型。

步骤二：用鼠标右键单击草图或模型尺寸，在弹出的选项中选择"链接数值"，如图 2-2-19 所示。

步骤三：单击"链接数值"选项后，会弹出"共享数值"对话框，如图 2-2-20 所示。在"共享数值"对话框的"名称"文本框中输入一变量名称，如"L"，单击"确定"按钮，该尺寸数值前出现链接符号"∞"。

步骤四：选择另一尺寸，重复步骤二，单击"共享数值"对话框中"名称"文本框右边的箭头，在弹出的下拉菜单中选择刚创建的变量名"L"，单击"确定"按钮，完成尺寸数值的链接。

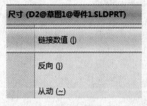
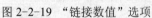

图 2-2-19 "链接数值"选项　　　　　　图 2-2-20 "共享数值"对话框

链接的尺寸名称及其当前数值出现在：
① FeatureManager 设计树中的方程式文件夹中。
② 方程式对话框中。
③ 在数值/文字表达下，
✧ 在"摘要信息"对话框的自定义标签上。
✧ 在"焊件"对话框中。

（2）编辑链接数值。用鼠标左键双击草图或模型中的尺寸，在弹出的"修改"对话框中更改尺寸值。单击"重建" 按钮后模型自动更新，如图 2-2-21 所示。

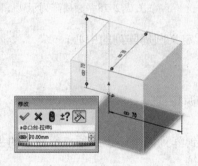
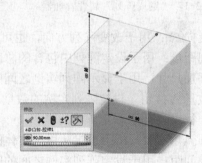

图 2-2-21　重建模型

（3）删除链接数值。建立"链接数值"后，用鼠标右键单击草图或模型尺寸，在弹出的选项中选择"解除链接数值（I）"，则数值共享关系自动解除。

2．方程式

在使用 SolidWorks 过程中，有时需要在草图、零件、装配体中建立参数之间的关联，这种关联无法用几何关系和常用的建模技术来完成，可以通过"方程式"建立这种关联。在方程式中，使用全局变量和数学函数定义尺寸，并生成零件和装配体中两个或更多尺寸之间的数学关系。

在方程式中使用以下作为变量：
✧ 尺寸名称。
✧ 全局变量。
✧ 其他。

◇ 数学关系。
◇ 文件属性。
◇ 尺寸测量。

（1）创建方程式。下面结合图 2-2-22 为例说明方程式的用法，具体步骤如下：

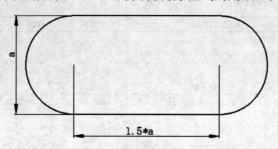

图 2-2-22　创建方程式示例

步骤一：双击长度尺寸（1.5*a），弹出的"修改"对话框。

步骤二：在文本框中输入等于号"="，单击等于号右侧，会弹出三个选项，即全局变量、函数、文件属性。此时可根据设计要求分别选择，如图 2-2-23 所示。接着输入"1.5*D1@草图3"，其中选用自变量"D1@草图3"时单击相应的尺寸。

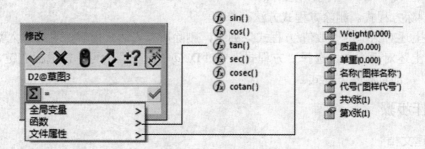

图 2-2-23　输入方程表达式

步骤三：单击"重建" 按钮，该尺寸前增加符号"Σ"，图形大小自动变化。
步骤四：单击"确认"按钮，完成方程式的创建，如图 2-2-24 所示。

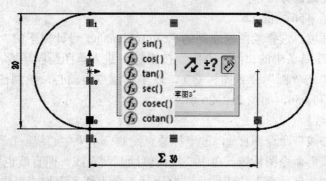

图 2-2-24　完成尺寸间的关联

（2）编辑方程式。
步骤一：上述创建方程式后，在特征管理树 FeatureManager 方程式 中会有刚刚建立的方程式。鼠标右键单击 ⊟Σ方程式，在弹出的选项中选择"管理方程式…(A)"，弹出"方程式"对话框，如图 2-2-25 所示。

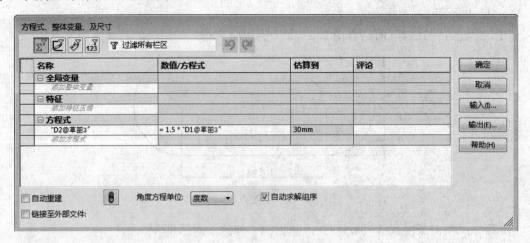

图 2-2-25 "方程式"对话框

步骤二：在方程式部分，单击"数值/方程式"列，更改"等于号="后的内容，就可改变方程式，出现"✓"表示语法有效。

（3）删除方程式。删除方程式方法有二：

① 在上述对话框的"数值/方程式"列中，删除所有表达式内容，直接输入数值。

② 在上述对话框中，选择"方程式"中"D2@草图 3"，再单击鼠标右键，弹出"删除方程式"，即可删除方程式。

操作步骤

1. 新建文档

启动 SolidWorks 2014，新建文档，选择进入"零件"模块，单击"保存"图标按钮。在弹出的对话框中，保存路径为 D:\SolidWorks\项目 2，文件名为"钩线板"，保存类型取"零件（*.prt，*.sldprt）"，最后单击"保存"按钮。

2. 绘制中心花键部分

（1）绘制 $\phi 42$、$\phi 56$ 两圆。

① 进入草图环境。选择绘图区左侧的 FeatureManager 设计树下的"FRONT"基准面，接着单击"草图"工具条中的"绘制草图"按钮，进入草图绘制环境。

② 绘制圆。单击"圆"命令图标，以坐标原点为圆心，绘制任意大小的两圆，并标注圆的大小 $\phi 42$ 和 $\phi 56$，如图 2-2-26 所示。

（2）绘制两直线。

① 单击"中心线"命令图标，过坐标原点绘制一水平中心线。

② 单击"直线"命令图标，在中心线两侧绘制两直线，两直线也要过原点。

③ 单击"添加几何关系"按钮，选择上述三条直线，添加"对称"的几何关系。

④ 单击"智能尺寸"按钮，标注两直线间夹角为 30°。

⑤ 单击"裁剪实体"按钮，修剪多余的图线，如图 2-2-27 所示。

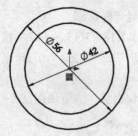
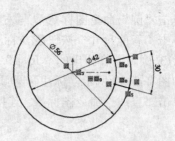

图 2-2-26　绘制两同心圆　　　　图 2-2-27　绘制两对称直线

（3）圆周阵列。

① 单击"圆周草图阵列"按钮，在弹出的对话框中，选择坐标原点为阵列中心，输入阵列数量4，再选择两直线为阵列对象，钩选"等间距"复选框，单击"确认"按钮退出对话框。

② 单击"添加几何关系"按钮，选择阵列草图的其中一直线，约束该直线与原点重合，及该直线两端点分别在两圆周上。此时草图才完全定义，如图2-2-28所示。

注意：退出对话框后，其他图线仍未完全定义，仍需添加必要的几何关系，这是此阵列的一个缺陷。

（4）修剪图线。单击"裁剪实体"按钮，修剪多余的图线，结果如图 2-2-29 所示。

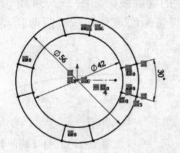
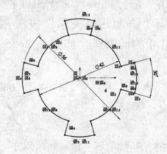

图 2-2-28　圆周阵列　　　　　图 2-2-29　修剪图线

3. 绘制 R42、R18、R13 三已知圆弧和 $\phi 12$ 圆

（1）绘制 $R42$ 圆弧。

① 单击"3点圆弧（T）"按钮，在绘图区绘制任意大小圆弧。

② 单击"添加几何关系"按钮，添加圆弧两端点（点1、点3）和圆心（点2）"竖直"的几何关系。添加圆心与原点"重合"几何关系，最后添加尺寸 R42，如图 2-2-30 所示。

（2）绘制 R18、R13 圆弧和 $\phi 12$ 圆。

① 单击"3点圆弧（T）"按钮，在 $R42$ 圆弧右侧绘制任意两圆弧。

② 单击"添加几何关系"按钮，添加两圆弧端点（点4、点6、点7、点9）和两圆弧圆心（点5、点8）与圆弧 R42 端点（点3）"水平"几何关系，如图 2-2-31 所示。

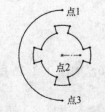
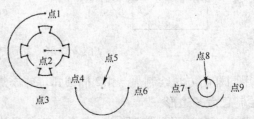

图 2-2-30　绘制 R42 圆弧　　　　图 2-2-31　绘制 R18、R13 圆弧

③ 单击"圆"命令图标 ⊙，与右侧圆弧同圆心，绘制一任意圆。

④ 单击"智能尺寸"按钮 ◇，标注两圆弧及小圆尺寸 R18、R13、φ12。接着分别选择 R42 和 R13 圆弧，在弹出的"尺寸"对话框中，切换到"引线"项下，选择正确的"圆弧条件"，如图 2-2-32 所示，标注两圆弧间距离 300。

⑤ 单击"直线"命令图标 ╲，连接图 2-2-31 中点 3 和点 4，结果如图 2-2-33 所示。

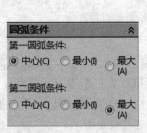

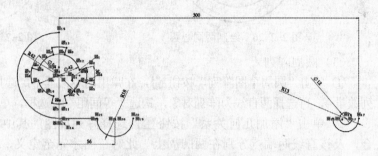

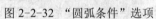

图 2-2-32　"圆弧条件"选项　　　　　　图 2-2-33　R42、R18、R13 标注尺寸

4．绘制两椭圆弧

（1）单击"部分椭圆"命令图标 ⊘，绘制任意的椭圆弧，如图 2-2-34 所示。

（2）单击"添加几何关系"按钮 ⊥，选择椭圆弧两端点分别与椭圆两顶点重合，即使椭圆弧成变 1/4 的椭圆弧，如图 2-2-35 所示。

图 2-2-34　任意椭圆弧　　　　　　　　图 2-2-35　1/4 椭圆弧

（3）继续单击"添加几何关系"按钮 ⊥，添加椭圆顶点分别与图 2-2-31 中点 1 和点 9 重合；椭圆中心与图 2-2-31 中点 3 重合，如图 2-2-36 所示。

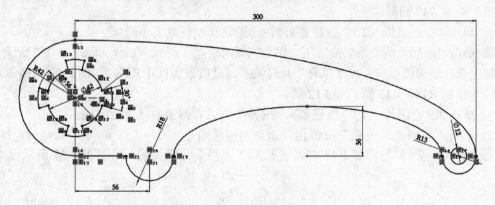

图 2-2-36　绘制椭圆弧

（4）用同样的方法绘制另一 1/2 椭圆弧，并添加半短轴尺寸 36，如图 2-2-36 所示。

5．绘制正六多边形

（1）单击"多边形"按钮 ⬡，在弹出的"多边形"对话框中输入边数 6，再选择"内切圆"选项,以点 5 为中心绘制一任意大小和方位的正六多边形。

(2)单击"添加几何关系"按钮 ⊥,添加任一边为水平边。单击"智能尺寸"按钮 ◇,添加内切圆直径φ18,如图 2-2-37 所示。

6. 倒圆角

单击"绘制圆角"按钮 ⌒,选择圆弧 R18 和右侧直线的交点,完成倒圆角,如图 2-2-38 所示。

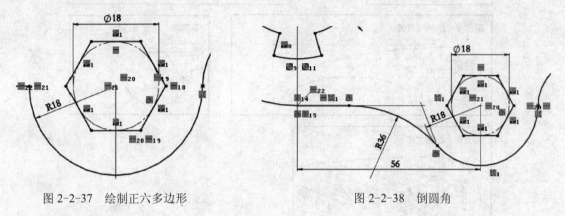

图 2-2-37 绘制正六多边形　　　　图 2-2-38 倒圆角

7. 绘制文字

单击"文字"按钮 A,弹出"草图文字"对话框。在"文字"文本框中输入"钩线板"。单击"字体"按钮,在弹出的新对话框中选择"楷体"、字高 20,连续单击"确定"按钮后,在两椭圆弧间生成文字,如图 2-2-39 所示。

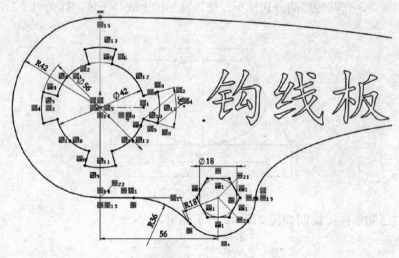

图 2-2-39 创建文字

8. 保存文档

单击"保存"按钮 💾,完成钩线板轮廓草图创建,结果如图 2-2-1 所示。

⚙ **重点串联**

本模块的关键步骤如图 2-2-40 所示。

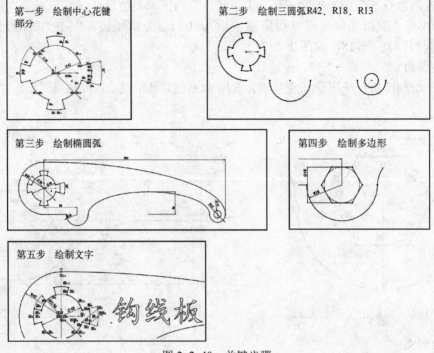

图 2-2-40　关键步骤

练习

（1）已知椭圆，作其等腰的外切梯形，使该梯形的上底与下底之比为 1∶2，如图 2-2-41 所示，求 a 值。

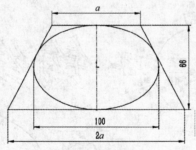

图 2-2-41　练习 1

（2）根据已知条件，绘制如图 2-2-42 所示图形。

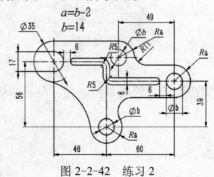

图 2-2-42　练习 2

项目 3　回转体类零件三维建模

学习目的

通过项目 3 的学习，要求掌握回转体类零件的建模方法，同时掌握配置零件的设计方法以及零件表面颜色和纹理设定办法。

学习目标

在 SolidWorks 建模环境下，掌握回转体类型零件的三维建模思路与作图方法，同时初步了解 SolidWorks 软件参数化建模的基本方法。

- 掌握旋转体特征的创建：旋转凸台、旋转切除。
- 掌握异型孔向导使用方法：简单孔、螺纹孔、柱孔。
- 掌握螺纹装饰线的使用方法。
- 掌握操作特征工具：倒圆、倒角。
- 掌握圆周阵列的使用方法。
- 掌握系列化零件设计方法、添加方程式、共享数值。
- 掌握配置零件的设计方法及作用。
- 掌握模型表面颜色和纹理设定方法。

模块 3.1　导柱实例

学习目标

1. 继续了解零件单位及尺寸精度的设定方法。
2. 掌握旋转体特征的创建方法：旋转凸台。
3. 掌握操作特征工具：倒圆、倒角。
4. 掌握系列零件设计方法。
5. 掌握草图中添加方程式、共享数值。
6. 掌握模型表面颜色和纹理设定方法。

工作任务

正确理解图 3-1-1 中台阶导柱的设计要求，在 SolidWorks 建模环境下，设计出 3 个形状相似，但尺寸不同的台阶导柱，并按设计要求，建立相应尺寸之间的关联。

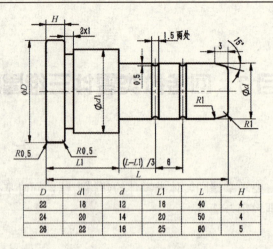

D	d1	d	L1	L	H
22	18	12	18	40	4
24	20	14	20	50	4
26	22	16	25	60	5

图 3-1-1　台阶导柱

 工作任务分析

系列零件设计方法特别适合在标准件的设计中，在零件内部的尺寸之间建立方程式和共享数值是对约束关系的补充和延伸，也是参数化设计常用手段。台阶导柱的设计正是综合了上述设计方法，同时掌握回转体类零件建模方法。具体操作为先绘制台阶导柱的旋转截面图，在草图中建立相应尺寸间的关联，待建模后再创建另两配置于零件。

 相关知识汇总

3.1.1　旋转凸台/基体特征

旋转特征是将一个或多个草图轮廓围绕一条中心线旋转指定的角度而生成的几何模型，特征可以是实体、薄壁特征或曲面。在 SolidWorks 中，中心线、草图直线、模型直边线都可作为旋转轴线，但旋转轴要位于草图绘制平面上。

单击"特征"|"旋转凸台/基体"按钮，弹出"旋转"特征属性管理器，设置各选项参数，如图 3-1-2 所示。

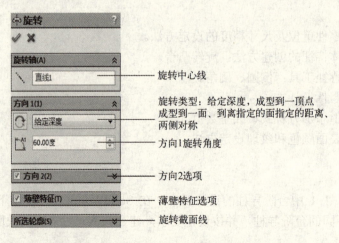

图 3-1-2　旋转特征"属性管理器"

"旋转"参数选项组介绍如下。

1. 旋转轴

选择旋转截面所围绕的轴,旋转轴可以为中心线、直线或者边线。若草图中有多条中心线,可指定其中一条为旋转轴线;若只有一条中心线,则默认为旋转轴线。

2. 方向1(1)

草图截面旋转到不同位置选项,它有以下选项。

- 给定深度:草图截面旋转到指定角度,如图3-1-3(a)所示。
- 成形到一顶点:草图截面旋转到指定点与旋转中心的连线位置,如图3-1-3(b)所示。
- 成形到一面:草图截面成形到一指定平面或者曲面,如图3-1-3(c)所示。
- 成形到指定面指定距离:草图截面旋转到指定面的指定平行面上,如图3-1-3(d)所示。
- 两则对称:草图截面旋转到两则对称角度,如图3-1-3(e)所示。

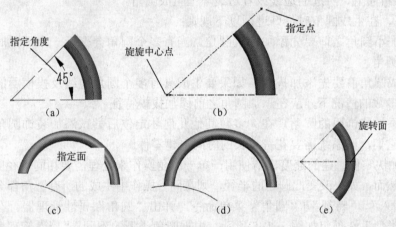

图3-1-3 "旋转类型"示意图

3. 方向2(2)

选项内容和方向1(1)一致,但旋转方向与方向1(1)相反。

4. 薄壁特征

把旋转草图曲线串沿法线方向偏置生成一等厚度的薄壁特征。草图曲线有3个偏置方式:单向、两侧对称、双向。

- 单向:以同一"方向1 厚度"数值,从草图沿单一方向添加薄壁特征的体积。如果有必要,单击"反向"按钮反转薄壁特征体积添加的方向,如图3-1-4(a)所示。
- 两侧对称:以同一"方向1 厚度"数值,并以草图为中心,在草图两侧使用均等厚度的体积添加薄壁特征,示例如图3-1-4(b)所示。
- 双向:在草图两侧添加不同厚度的薄壁特征的体积。设置"方向1 厚度"数值,从草图向外添加薄壁特征的体积;设置"方向2 厚度"数值,从草图向内添加薄壁特征的体积,示例如图3-1-4(c)所示。

4. 所选轮廓

在使用多轮廓生成旋转特征时使用此选项。

单击"所选轮廓"选择框,拖动鼠标指针,在图形区域中选择适当轮廓,此时显示出旋转特征的预览效果,可以选择任何轮廓生成单一或者多实体零件,单击"确定"按钮 ✓,生成旋转特征。

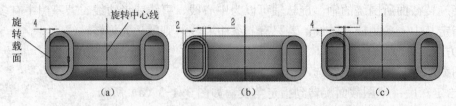

图 3-1-4 旋转"薄壁特征"示意图

3.1.2 圆角特征

圆角特征是在零件上生成内圆角面或者外圆角面的一种特征,可以在一个面的所有边线上、所选的多组面上、所选的边线或者边线环上生成圆角。

一般而言,在生成圆角时最好遵循以下规则:

- ✧ 在添加小圆角之前要先添加较大圆角。当有多个圆角会聚于一个顶点时,先生成较大的圆角。
- ✧ 在生成圆角前要先添加拔模。如果要生成具有多个圆角边线及拔模面的铸模零件,在大多数的情况下,应在添加圆角之前添加拔模特征。
- ✧ 最后添加装饰用的圆角。在大多数其他几何体定位后尝试添加装饰圆角。如果越早添加它们,则系统需要花费越长的时间重建零件。
- ✧ 如要加快零件重建的速度,请使用一单一圆角操作来处理需要相同半径圆角的多条边线。然而,如果改变此圆角的半径,则在同一操作中生成的所有圆角都会发生改变。

选择"插入"|"特征"|"圆角"菜单命令,弹出"圆角"属性管理器。在"手工"模式中,"圆角类型"选项组如图 3-1-5 所示。根据圆角类型的不同,"属性管理器"的内容稍有不同。

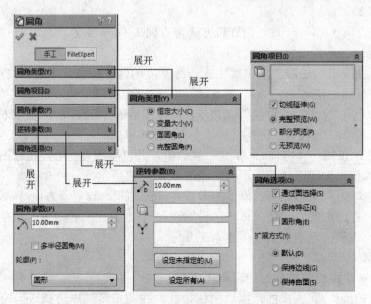

图 3-1-5 "圆角类型"选项组

1. 圆角类型：恒定大小

在整个边线上生成具有相同半径的圆角。单击"恒定大小"单选按钮，其属性设置如图 3-1-5 所示。

（1）"圆角项目"选项组。

① 圆角处理的实体⬜：用于选择实体类型，如边线、面、特征、环。
② 切线延伸：将圆角延伸到所有与所选面相切的面。
③ 完整预览：显示所有边线的圆角预览。
④ 部分预览：只显示一条边线的圆角预览。
⑤ 无预览：可以缩短复杂模型的重建时间。

（2）"圆角参数"选项组。

① 半径↗：用于设置圆角的半径。
② 多半径圆角：以不同边线的半径生成圆角，可以使用不同半径的三条边线生成圆角，但不能为具有共同边线的面或者环指定多个半径。多半径圆角效果图如图 3-1-6 所示。图中 4 条边线分别应用了 4 种半径值。

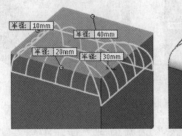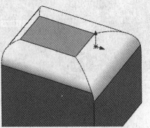

图 3-1-6 多半径圆角

③ 轮廓。该下拉列表中有以下选项。

◇ 圆形：表示曲线是圆弧形。
◇ 圆锥 RHO：定义曲线重量比例，输入介于 0 到 1 间的值。一般情况下，RHO（曲线饱满值）值越小，曲线就越平坦；RHO 值越大，曲线就越饱满，RHO<0.5，曲线为椭圆，RHO=0.5 时，曲线为抛物线；RHO>0.5 时，曲线为双曲线，如图 3-1-7 所示。

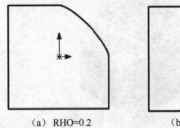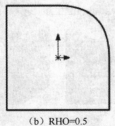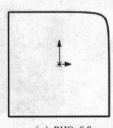

(a) RHO=0.2　　　(b) RHO=0.5　　　(c) RHO=0.8

图 3-1-7 RHO 值对圆角的影响效果

◇ 圆锥半径：用于设置沿曲线的肩部点的曲率半径，圆锥半径的变化类似于 RHO 值的变化效果。

（3）"逆转参数"选项组。该选项组是在混合曲面之间沿着零件边线进入圆角生成平滑的过渡。在应用逆转参数前，在"圆角参数"选项组中应选择"多半径圆角"，在图形区域中选择三条或更多具有共同顶点的边线，为每条边线输入不同的圆角半径值，然后为每条边线指定相同或不同的逆转距离。逆转距离为沿每条边线的点与共同顶点间的距离，圆角在此开始混合到在共同顶点相遇的三个面。

①"距离"：用于设置某一边线距顶点的圆角逆转距离。

②"逆转项点"：在图形区域中选择边线的公共顶点。

③"逆转距离"：列举相应边线的逆转距离。

注意：

要应用不同的逆转距离到边线，在"逆转顶点"选择框中选择顶点，在"逆转距离"选择框中选择边线，如图 3-1-8 所示。

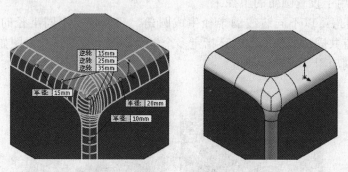

图 3-1-8 设置圆角的逆转距离

④"设定未指定的"：应用当前的"距离"数值到"逆转距离"下没有指定距离的所有项目。

⑤"设定所有"：应用当前的"距离"数值到"逆转距离"下的所有项目。

（4）"圆角选项"选项组。

①"通过面选择"：应用通过隐藏边线的面选择边线。

②"保持特征"：如果应用一个大到可以覆盖特征的圆角半径，则保持切除或者凸台特征使其可见。若关闭该选项，则该特征切除，如图 3-1-9 所示，左图为原模型，右图为添加圆角后的模型，R1 为"保持特征"后的圆角，R2 为关闭"保持特征"后的圆角。

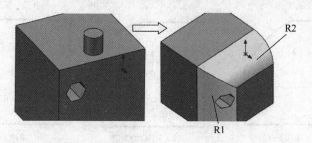

图 3-1-9 "保持特征"圆角效果图

③"圆形角"：生成含圆形角的等半径圆角。必须选择至少两个相邻边线使其圆角化，圆形角在边线之间有平滑过渡，可以消除边线汇合处的尖锐接合点。如图 3-1-10 所示，左图为无"圆形角"的固定尺寸圆角，右图为有"圆形角"的固定尺寸圆角。

④ "扩展方式":用于控制在单一闭合边线(如圆、样条曲线、椭圆等)上圆角与边线汇合时的方式。

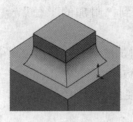 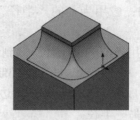

图 3-1-10 附"圆形角"圆角

- ◇ 默认:系统根据几何条件选择"保持边线"或者"保持曲面"选项。
- ◇ 保持边线:模型边线保持不变,而圆角则进行调整,如图 3-1-11 所示。
- ◇ 保持曲面:将圆角边线调整为连续和平滑,而模型边线则被更改以与圆角边线匹配,如图 3-1-12 所示。

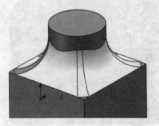 

图 3-1-11 保持边线　　　　　　　图 3-1-12 保持曲面

2. 圆角类型:变量大小

生成含可变半径值的圆角,使用控制点帮助定义圆角。单击"变量大小"单选按钮,其属性设置如图 3-1-13 所示。

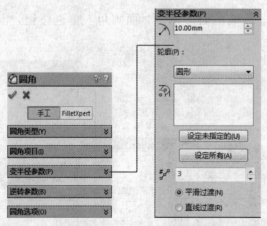

图 3-1-13 "变半径"属性设置

(1) 圆角项目。

　边线、面、特征和环:在图形区域中选择需要圆角处理的实体。

(2) 变半径参数。

◇ 　半径:用于设置圆角半径。

◇ 附加的半径：列举出"圆角项目"选项组的"边线、面、特征和环"选择框中边线顶点，并列举出在图形区域中选择的控制点，如图 3-1-14 所示。
◇ 设定未指定的：应用当前的"半径"到"附加的半径"下所有未指定半径的项目。
◇ 设定所有：应用当前的"半径"到"附加的半径"下的所有项目。
◇ "实例数"：用于设置边线上的控制点数。
◇ 平滑过渡：生成圆角，当一条圆角边线接合于一个邻近面时，圆角半径从某一半径平滑地转换为另一半径。
◇ 直线过渡：生成圆角，圆角半径从某一半径线性转换为另一半径，但是不将切边与邻近圆角相匹配。

生成的变半径圆角如图 3-1-15 所示。

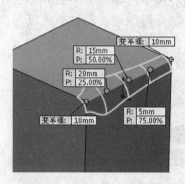
图 3-1-14 "变半径"控制点

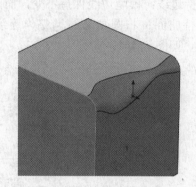
图 3-1-15 变半径效果图

（3）逆转参数。与"等半径"的"逆转参数"选项组属性设置相同。
（4）圆角选项。与"等半径"的"圆角选项"选项组属性设置相同。

3．面圆角

用于混合非相邻、非连续的面。单击"面圆角"单选按钮，其属性设置如图 3-1-16 所示。

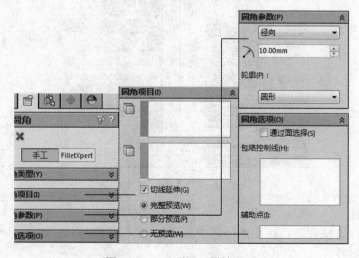
图 3-1-16 "面圆"属性设置

(1) 圆角项目。
◆ "面组 1" ⌐: 在图形区域中选择要混合的第一个面或者第一组面。
◆ "面组 2" ⌐: 在图形区域中选择要与"面组 1"混合的面。
生成的圆角如图 3-1-17 所示。

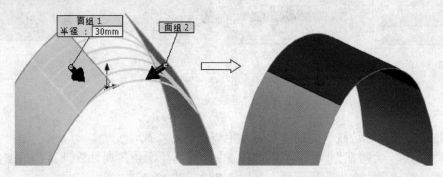

图 3-1-17 面圆角

(2) 圆角参数。
◆ 半径：用于设置圆角半径。
◆ 轮廓：设置圆角的轮廓类型，共有 4 种类型，即圆形、圆锥 Rho、圆锥半径、曲率连续。前 3 种类型和"等半径"中对应选项相同。
◆ 曲率连续：解决不连续问题并在相邻曲面之间生成更平滑的曲率。如果需要核实曲率连续性的效果，可以显示斑马条纹，也可以使用曲率工具分析曲率。曲率连续圆角不同于标准圆角，它们有一个样条曲线横断面，而不是圆形横断面，曲率连续圆角比标准圆角更平滑，因为边界处在曲率中无跳跃。

(3) 圆角选项。
◆ 通过面选择：应用通过隐藏边线的面选择边线。
◆ 包络控制线：选择模型上的边线或者面上的投影分割线，作为决定圆角形状的边界，圆角的半径由控制线和要圆角化的边线之间的距离来控制。选择"包络控制线"后，无"圆角参数"选项。效果如图 3-1-18 所示。

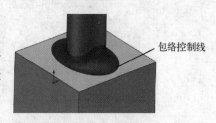

图 3-1-18 包络控制线控制圆角

◆ "辅助点"：用于在可能不清楚在何处发生面混合时解决模糊选择的问题。单击"辅助点顶点"选择框，然后单击要插入面圆角的边线上的一个顶点，圆角在靠近辅助点的位置处生成。

4. 完整圆角

用于生成相切于三个相邻面组（一个或者多个面相切）的圆角。单击"完整圆角"单选按钮，其属性设置如图 3-1-19 所示。
◆ "边侧面组 1" ▣：选择第一个边侧面。
◆ "中央面组" ▣：选择中央面。
◆ "边侧面组 2" ▣：选择与"边侧面组 1" ▣相反的面组。
创建完整圆角如图 3-1-20 所示。

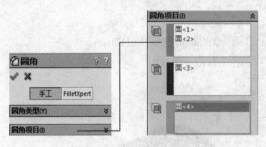 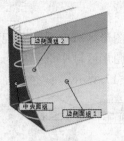 

图 3-1-19 "完整圆角"属性管理器　　　　图 3-1-20 完整圆角

3.1.3 倒角特征

倒角特征是在所选边线、面或者顶点上生成倾斜的特征。

选择"插入"|"特征"|"倒角"菜单命令，弹出"倒角"属性管理器。根据倒角类型的不同，属性管理器内容也有所不同，如图 3-1-21～图 3-1-23 所示。

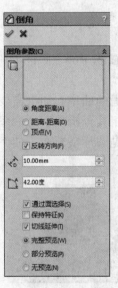  

图 3-1-21 "角度-距离"的属性设置　　图 3-1-22 "距离-距离"属性设置　　图 3-1-23 "顶点"属性设置

1. "角度距离"选项组

"角度距离"选项组，如图 3-1-21 所示。

（1）边线、面或顶点：用于选择边线或面。

（2）距离：用于设置倒角距离，箭头所有指方向代表距离。

（3）角度：用于设置倒角角度。

（4）反转方向：用于改变距离所指的方向。

创建效果如图 3-1-24 所示。

2. "距离-距离"选项组

"距离-距离"选项组，如图 3-1-22 所示。

（1）边线、面或顶点：用于选择边线或面。

（2）距离 1：用于设置倒角第一方向距离。

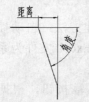 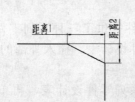 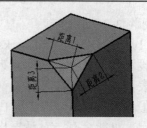

图 3-1-24 "距离-角度"倒角　　图 3-1-25 "距离-距离"倒角　　图 3-1-26 "顶点"倒角

（3）距离 2：用于设置倒角第二方向距离。
（4）相等距离：用于设置倒角第一方向和第二方向距离相等。
创建效果如图 3-1-25 所示。

3．"顶点"选项组

"顶点"选项组，如图 3-1-23 所示。
（1）边线、面或顶点：用于选择顶点。
（2）距离 1：用于设置倒角第一方向距离。
（3）距离 2：用于设置倒角第二方向距离。
（4）距离 3：用于设置倒角第三方向距离。
（5）相等距离：用于设置倒角第一方向、第二方向和第三方向距离相等。
创建倒角如图 3-1-26 所示。
其他选项与圆角中相应选项内容一致，可参阅"圆角特征"中相关内容，此处不一一叙述。

3.1.4　系列零件设计表

现在许多企业的产品呈多样化发展的趋势，小批量、多品种、多规格的生产模式要求生产许多形状相似、尺寸不同的零件，SolidWorks 软件提供了这种产品设计系列化的功能。零件配置的生成和管理可以采用一种更加方便和高效的方法——系列零件设计表。通过在嵌入的 Microsoft Excel 工作表中指定参数，可以使用材料明细表构建多个不同配置的零件或装配体。系列零件设计表保存在模型文件中，并且不会连结到原来的 Excel 文件。在模型中所进行的更改不会影响原来的 Excel 文件。若有需要，也可以将模型文档链接到 Excel 文件。

当然，要使用系列零件设计表，首先必须在计算机上安装了 Microsoft Excel。
在零件文件中，系列零件设计表可以控制以下项目：
◇ 尺寸和特征的压缩状态、异形孔向导孔的大小。
◇ 配置属性，包括材料明细表中的零件编号、派生的配置、方程式、草图几何关系、备注、材料以及自定义属性。

在装配体中，系列零件设计表控制以下项目：
◇ 零部件——压缩状态、参考的配置、固定或浮动位置。
◇ 装配体特征——尺寸、压缩状态、异形孔向导孔的大小。
◇ 配合——距离和角度配合的尺寸、压缩状态。
◇ 配置属性——零件编号及其在材料明细表中的显示（作为子装配体使用时）、派生的配置、方程式、草图几何关系、备注、自定义属性以及显示状态。

1．插入系列零件设计表

选择"插入"|"表格"|"设计表（D）"菜单命令，弹出"系列零件设计表"对话

框,如图 3-1-27 所示。

(1) 源(S)。SolidWorks 软件提供了三种系列零件设计表创建方法:自动插入系列零件设计表、插入空白的系列零件设计表、插入外部的 microsoft Excel 文件为系列零件设计表。

① 空白(K)。选中空白的系列零件设计表,再单击"确定" 按钮,根据所选定的设定,可能会有一对话框出现,询问是想添加哪些尺寸或参数,如图 3-1-28 所示。此时可选中对话框中添加"配置"名称和控制"参数",若没有,则单击"取消"按钮退出对话框。

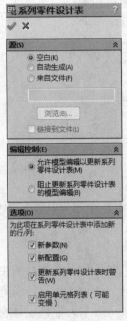 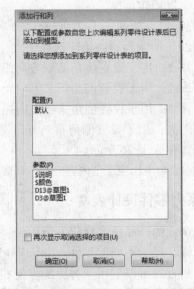

图 3-1-27 "系列零件设计表"对话框　　图 3-1-28 添加配置名称和控制参数

一个嵌入的工作表出现在窗口中,而且 Excel 工具栏会替换 SolidWorks 工具栏,如图 3-1-29 所示。此时单元格 A1 为系列零件设计表名:<模型名称>,单元格 A2 为空白格,单元格 A3 包含第一个新配置的默认名称:第一实例,在 A4、A5 等单元格中输入新配置名称(如配置一,配置二等)。在 B2、C2、D2 等列输入想控制的参数名称。

注意:输入的尺寸、特征、零部件和配置名称必须与模型中的名称匹配。如要保证完全一致,可以从属性管理器中复制所选项目的名称(如配置一,配置二等)。也可以在图形区域中双击特征或尺寸,当双击特征或尺寸时,其相关的数值会出现在默认行中。在 B4、C4、D4 等单元格中输入控制参数的数值。单元格 B3、C3、D3 等中为已创建的模型的值。

② 自动生成(A)。选中空白的系列零件设计表,再单击"确定" 按钮,会有一对话框出现,该对话框中会列出模型中所有的尺寸名称,选择需控制的参数,单击"确定"按钮后自动出现在系列零件设计表中。表格如图 3-1-29 所示。

③ 来自文件(F)。选择"来自文件"的系列零件设计表,通过"浏览"按钮可以使外部独立的 Microsoft Excel 文件插入模型中。当然,表格的格式要符合 SolidWorks 的语法要求。

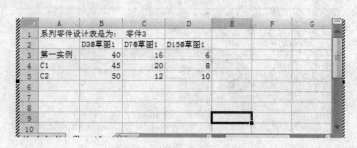

图 3-1-29 系列零件设计表

（2）编辑控制。

允许模型编辑以更新系列零件设计表：如果更改模型，所做的更改将在系列零件设计表中更新。

阻止更新系列零件设计表的模型编辑：如果更新系列零件设计表，则不允许更改模型。

（3）选项。

新参数：如果添加新参数到模型，则将为系列零件设计表添加新的列。

新配置：如果添加新配置到模型，则将为系列零件设计表添加新的行。

更新系列零件设计表时警告：警告根据在模型中所更新的参数，系列零件设计表将会更改。

（4）退出表格。当完成向工作表中添加信息后，请在表格外任意位置单击鼠标左键退出工作表，会弹出一信息表对话框列出所生成的配置，单击"确定"按钮后，系列零件设计表插入到模型中，系列零件设计表在特征管理设计树中显示。结果如图 3-1-30 所示。

图 3-1-30 "配置管理器"中的系列零件设计表

2．系列零件设计表格式化

在 SolidWorks 软件中使用系列零件设计表时，将表格妥当格式化很重要，即表格必须"合法"，下面介绍如何将系列零件设计表格式化：

（1）在系列零件设计表 PropertyManager 中选择自动生成或空白时，SolidWorks 软件将自动生成 Excel 文件。自动生成的系列零件设计表包括 Family 单元格。根据默认，单元格 A2 保留为 Family 单元格。此单元格决定参数和配置数据从何处开始。Family 单元格不包含文字，然而在 Excel 中，名称框显示 Family。

当编辑一系列零件设计表时，可在 Family 单元格向下生成行，即在单元格 A3、A4、A5 等中输入新配置名称。在其右侧生成列，即在单元格 B2、C2、D2 等中输入需控制的参数名。只要配置名称和 SolidWorks 参数在 Family 单元格以下或右侧保留，系列零件设计表有效。

（2）在系列零件设计表 PropertyManager 中选择手工生成系列零件设计表，在第一列中（单元格 A2、A3，等等）输入配置名称，然后在第一行中（单元格 B1、C1，等等）输入参数。单元格 A1 必须为空白（见图 3-1-31）。在系列零件设计表 PropertyManager 中选择来自文件以浏览到 Excel 文件并将之插入到模型中。

（3）系列零件设计表中，控制参数需符合语法要求，表 3-1-1～表 3-1-3 分别是针对零件和装配体的语法要求。

图 3-1-31 手工生成的系列零件设计表

表 3-1-1 针对零件的参数语法

参数语法（标题单元格）	有效值（单元格）	数值保留为空白时，则为默认
$配置@零件名	配置名称	未被评估
$配置@特征名	配置名称	未被评估
$库：材料@零件名 $库：材料@实体名@零件名	材料对话框中的库名称和材料名称	创建配置时的当前材料

表 3-1-2 针对零件和装配体的参数语法

参数句法（标题单元格）	有效值（单元格）	数值保留为空白时，则为默认
备注	任何字符串	空白
$description	任何字符串	配置名称
零件编号	任何字符串	配置名称
$状态@特征名称	压缩、S；解除压缩、U	解除压缩
$状态@草图名称	压缩、S；解除压缩、U	解除压缩
尺寸@特征名称	任何有效的尺寸小数数值	未被评估
尺寸@草图名称	任何有效的尺寸小数数值	未被评估
$状态@光源名称	压缩、S，1；解除压缩、U，0	解除压缩
$状态@草图几何关系@草图名称	压缩、S；解除压缩、U	解除压缩

表 3-1-3 针对装配体的参数语法

参数句法（标题单元格）	有效值（单元格）	数值保留为空白时，则为默认
$displaystate	显示状态名称	对于新配置，显示状态-1。对于现有配置，该配置最近激活的显示状态的名称
$固定	是（或Y）为固定，否（或N）为不固定（浮动）	没固定（浮动）
$状态@零部件名称<实例>	还原、R，压缩、S	解决
$配置@零部件名称<实例>	配置名称	在您生成单元格时处于活动状态的配置的名称

（4）当 SolidWorks 软件处理一系列零件设计表时，软件会处理带配置名称的列中的每个配置（自上到下），然后处理参数行中的每个参数（从左到右）。在系列零件设计表中间不能包含任何标题为空白的行或列。SolidWorks 软件在到达标题单元格为空的行或列时会停止计算数据。标题为空的行或列中或者其后出现的资料将被忽略。

3．编辑系列零件设计表

在 ConfigurationManager 中，用鼠标右键单击系列零件设计表，然后选取编辑表格或在新窗口中编辑表格。工作表会出现在窗口中（如果选择在新窗口中编辑表格，则工作表会在单独的 Excel 窗口中打开。）。根据需要编辑该表格。用户可以改变单元格中的参数值，添加行以容纳增加的配置，或是添加列以控制所增加的参数。

在表格外单击以关闭它，若收到确认信息，说明系列零件设计表已生成新的配置，单击"确定"按钮。此时配置被更新以反映用户所做的改变。

4．删除系列零件设计表

在 ConfigurationManager 中用鼠标右键单击系列零件设计表，然后在弹出的快捷菜单中选取"删除"命令。系列零件设计表被删除，但配置未被删除。

5．保存系列零件设计表

可直接在 SolidWorks 软件中保存系列零件设计表，也可另外保存系列零件设计表，在包含设计表的文档中，执行以下操作：

用右键单击 ConfigurationManager 中的系列零件设计表，然后选择保存表格，保存系列零件设计表对话框出现，在指定的路径下输入文件名，单击"保存"按钮即可，系列零件设计表保存为 Excel 文件（*.xls）。

操作步骤

1．新建文档

启动 SolidWorks 2014，新建文档，选择进入"零件"模块，单击"保存"图标按钮，在弹出的对话框中，保存路径取为 D：\SolidWorks\项目 3，文件名为"台阶导柱"，保存类型取"零件（*.prt，*.sldprt）"，单击"保存"按钮。

2．绘制旋转截面草图

（1）绘制截面草图轮廓。

① 绘制直线。选择绘图区左侧的 FeatureManager 设计树下的"FRONT"基准面，接着单击"草图"工具条中的"绘制草图"按钮，进入草图绘制环境。

单击"中心线"命令按钮，通过原点画一条水平的中心线，注意光标右下角有一水平粗短线，表示此时直线为水平线。再用"直线"命令绘制旋转截面轮廓线，绘制水平线和竖直线时，光标均出现有相应的约束符号，构成一封闭的草图，如图 3-1-32 所示。

② 绘制圆弧。单击"三点圆弧"命令按钮，在图 3-1-32 右侧绘制两任意圆弧，并与其中一直线 相交。

单击"裁剪实体"命令按钮，弹出"裁剪实体"对话框。选择其中"裁剪到最近端（T）"选项，修剪多余的曲线，结果如图 3-1-33 所示。

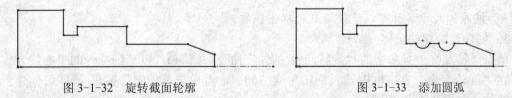

图 3-1-32　旋转截面轮廓　　　　　　　　图 3-1-33　添加圆弧

（2）添加约束关系。

① 添加几何关系。单击"添加几何关系"按钮，选择图 3-1-33 中两圆弧，添加两圆弧相等关系。

② 添加径向尺寸。单击"智能尺寸"命令按钮，选择轮廓线上一水平线和中心线，

此时把光标移动到中心线下方,在弹出的"修改"对话框中直接输入轴的直径值。此时若移动光标在中心线上方,则只能输入轴的半径值,如图 3-1-34 所示。

③ 添加轴向尺寸。单击"智能尺寸"命令按钮,根据图 3-1-1 中所示尺寸,选择相应图线或点,标注径向尺寸。选择右侧的斜线和一水平线,标注角度尺寸,如图 3-1-35 所示。

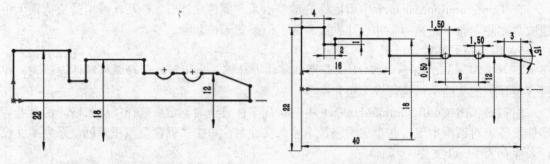

图 3-1-34 添加径向尺寸　　　　　　图 3-1-35 标注轴向尺寸

继续选择两圆弧,尺寸界线自动捕捉到圆心,标注两圆弧间距离。选择圆弧和水平直线,在弹出的"尺寸"属性管理器中,选择"引线"选项卡,在对话框最下端,选择"第一圆弧条件"为"最小"距离,如图 3-1-36 所示。

④ 添加关联尺寸。单击"智能尺寸"命令按钮,选择左侧圆弧和一竖直线,在弹出的"修改"对话框中输入"=("D4@草图 1"-"D8@草图 1")/3",如图 3-1-37 所示。此时在等号左侧会出现"Σ",表示方程式。在方程式右侧会出现"√",表示方程式语法是"合法的"。单击"确定"按钮后,标注尺寸前也有符号"Σ",这样就建立了尺寸之间的函数关系,如图 3-1-38 所示。

图 3-1-36 选择"圆弧条件"　　图 3-1-37 添加方程式　　图 3-1-38 建立尺寸间的关联

注意:尺寸名称可以直接用鼠标双击获取。

3．创建台阶导柱实体

单击"特征"工具条中的"旋转凸台/基体"命令按钮,以草图唯一的中心线为旋转轴,在"旋转深度"文本框中输入旋转角度 360°,再单击"确定"按钮即可创建台阶导柱基体,如图 3-1-39 所示。

4．**创建 R1 圆角**

单击"特征"工具条中的"圆角"命令按钮,在弹出的对话框中,"圆角类型"选择"恒定大小";"圆角项目"选择"两圆边线",圆角半径输入 1,最后单击"确定"按钮即可创建圆角特征,如图 3-1-40 所示。

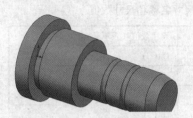
图 3-1-39 台阶导柱基体

图 3-1-40 倒圆角

5．修改特征名和尺寸名称

修改特征名称和尺寸名称，是为便于下一步建立系列零件设计表，也是为了便于识别名称的含义，便于参数的管理。

（1）单击"暂停"，再单击 FeatureManager 设计树中的"旋转 1"（不要双击），输入新名称"台阶导柱"，然后按 Enter 键。

（2）鼠标右键单击 FeatureManager 设计树中的 注解，然后在弹出的快捷菜单中选择"显示特征尺寸"，此时图形区域中就会显示所有尺寸。

（3）隐藏部分尺寸。按照图 3-1-1 中表格，保留需控制参数显示，隐藏部分尺寸。鼠标右键单击需隐藏尺寸，然后选择"隐藏"，即可隐藏该尺寸。结果如图 3-1-41 所示。

（4）显示尺寸名称。单击菜单栏中"视图"｜"尺寸名称"按钮 尺寸名称，即可显示所有尺寸名称。

（5）修改尺寸名称。单击选中台阶导柱的总长尺寸（40），在尺寸 PropertyManager 中的主要值下，用"L"替换"D4@草图 1"，单击"确定"按钮。名称作为标注尺寸文字出现在图形区域中，如图 3-1-42 所示。采用同样方法也可更改其他尺寸名称。

图 3-1-41 显示特征尺寸

图 3-1-42 修改特征尺寸名称

6．插入系列零件设计表

（1）单击"插入（I）"｜"表格（T）"｜"设计表（D）"，打开"系统零件设计表"对话框。在"源（S）"选项组中选择"自动生成（A）"，其他选项默认，单击"确认"按钮后，取消信息框提示，准备手动输入设计表。

（2）单击"确定"按钮，一个 Excel 工作表出现在零件文件窗口中。Excel 工具栏取代了 SolidWorks 工具栏。在默认情况下，第三行（单元格 A3）命名为第一实例，列标题单元格 B2 是激活的。

（3）在图形区域中双击最大的直径尺寸（$\phi 22$），尺寸名称插入到单元格 B2 中，尺寸数值插入到单元格 B3 中。相邻列标题单元格 C2 自动被激活。

（4）按表 3-1-4 中所列举的先后顺序在图形区域中双击每个尺寸数值，将剩余的尺寸名称和数值插入到工作表中。

表 3-1-4　插入的尺寸名称和尺寸数值

尺寸名称（表单元格）	尺寸数值（表单元格）
d1@草图 1(C2)	18(C3)
d2@草图 1(D2)	12(D3)
L@草图 1(E2)	40(E3)
L1@草图 1(F2)	16(F3)
H@草图 1(G2)	4(G3)

（5）在表格左侧 A3、A4、A5 单元格输入配置名"轴一、轴二、轴三"；在工作表中为轴二、轴三输入尺寸数值，工作表如表 3-1-5 所示。

（6）在图形区域工作表以外任何位置单击，工作表即关闭，出现信息框，其中列出系列零件设计表所创建的新配置。单击"确定"按钮关闭信息框，系列零件设计表是嵌入并保存在零件文件内的。

（7）单击 FeatureManager 设计树顶部的 ConfigurationManager 选项卡 ，出现配置清单，如图 3-1-43 所示。双击每个配置的名称，零件会使用所选配置的尺寸重新进行计算。

表 3-1-5　系列零件设计表

图 3-1-43　配置管理器中的系列零件设计表

7. 保存文件

单击"保存"按钮，完成台阶导柱创建，结果如图 3-1-1 所示。

重点串联

创建台阶导柱主要步骤如图 3-1-44 所示。

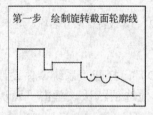
第一步　绘制旋转截面轮廓线

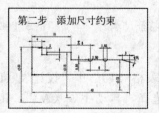
第二步　添加尺寸约束

第三步　创建台阶导柱基本外形

第四步　插入系列零件设计表

图 3-1-44　创建台阶导柱的主要步骤

练习

根据螺栓明细表的数据（见图 3-1-45），完成系列规格零件的三维建模。

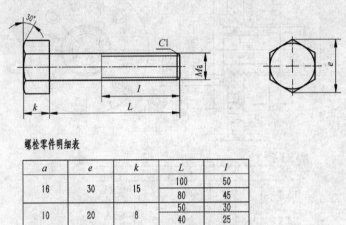

图 3-1-45 练习图

模块 3.2 阀 盖 实 例

学习目标

1. 继续了解旋转体特征的使用方法：旋转切除。
2. 掌握异型孔向导：柱孔、螺纹孔。
3. 掌握圆周阵列使用方法。
4. 掌握异型孔向导使用方法：简单孔。
5. 掌握螺纹装饰线的使用方法。
6. 掌握配置零件的设计方法。

工作任务

正确分析阀盖零件（如图 3-2-1 所示）的结构特点，领会阀盖的设计要求，建立正确的建模思路。利用草图绘制、旋转特征、倒角、异型孔、圆周阵列等建模工具，完成零件的三维建模，并在此基础上完成阀盖的两配置。

工作任务分析

阀盖是回转类的零件，形状规则，但又附带更多的其他特征，如沉孔、螺纹孔、外螺纹等。建模时，先把模型进行特征分解，按照从外形到内部结构的顺序，首先创建阀盖外形，再在外侧面上创建沉孔和螺纹孔，运用特征的圆周阵列工具完成其他孔的建模，最后在配置管理器中建立两个阀盖的配置。

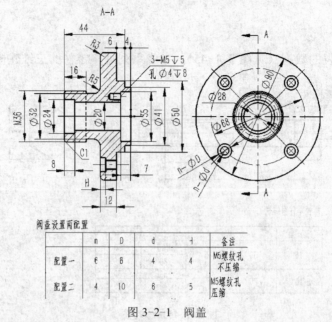

图 3-2-1 阀盖

相关知识汇总

3.2.1 旋转切除

"旋转切除"特征是将草图围绕直线进行旋转移除材料的特征造型方法,适用于回转型几何轮廓切除。旋转切除的操作与旋转凸台/基体完全类似,只是需要注意当采用开环草图轮廓时,SolidWorks 会自动闭合开环草图轮廓形成闭合轮廓,实现旋转切除。

单击"特征"|"旋转切除"按钮,弹出"切除-旋转"属性管理器,如图 3-2-2 所示。各选项组的含义及设置与前面介绍的旋转凸台/基体完全类似,故不再赘述。

3.2.2 "孔"特征

"孔"特征是在模型上生成各种类型的孔。在平面上放置孔并设置深度,可以通过标注尺寸的方法定义它的位置。

SolidWorks 提供了两大类的孔的创建方法:简单直孔、异型孔。如果准备生成不需要其他参数的孔,可以选择"简单直孔"命令;如果准备生成具有复杂轮廓的异型孔(如锥孔等),则一般会选择"异型孔向导"命令。两者相比较,"简单直孔"命令在生成不需要其他参数的孔时,可以提供比"异型孔向导"命令更优越的性能。孔的起始位置和结束位置有更多的选项,类似于拉伸体命令。

1. 简单直孔

选中一平面,接着选择"插入"|"特征"|"孔"|"简单直孔"命令,或单击"特征"工具条中"简单直孔"按钮,弹出"孔"属性管理器,如图 3-2-3 所示。各选项功能说明如下。

(1)从(F):用于确定简单直孔创建设起始位置。

◇ 草图基准面:从草图所在面开始生成简单直孔,如图 3-2-4(a)所示。

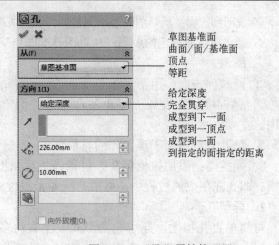

图 3-2-2 "切除-旋转"属性管理器　　　　图 3-2-3 "孔"属性管理器

◇ 曲面/面/基准面：从指定的面开始生成简单直孔，如图 3-2-4（b）所示。
◇ 顶点：从所选择的顶点位置处开始生成简单直孔，如图 3-2-4（c）所示。
◇ 等距：从与当前草图基准面等距的基准面上开始生成简单直孔，如图 3-2-4（d）所示。

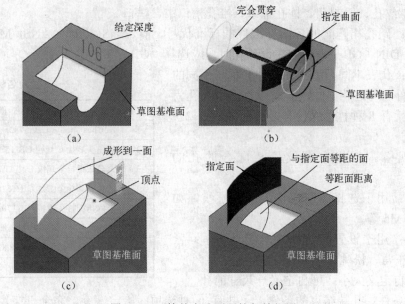

图 3-2-4 简单直孔不同的起始位置

（2）"方向 1"选项组。用于确定简单直孔终止条件及形状。
① 终止条件。终止条件有以下几项。
◇ 给定深度：从草图的基准面以指定的距离延伸特征，如图 3-2-4（a）所示。
◇ 完全贯穿：从草图的基准面延伸特征直到贯穿所有现有的几何体，如图 3-2-4（b）所示。
◇ 成形到下一面：从草图的基准面延伸特征到下一面（隔断整个轮廓）以生成特征。
◇ 成形到一顶点：从草图基准面延伸特征到某一平面，这个平面平行于草图基准面且穿越指定的顶点。

◇ 成形到一面：从草图的基准面延伸特征到所选的曲面以生成特征，如图 3-2-4（c）所示。
◇ 到离指定面指定的距离：从草图基准面到某面的特定距离处生成特征，如图 3-2-4（d）所示。

② 拉伸方向：用于在除了垂直于草图轮廓以外的其他方向拉伸孔。

③ 深度：在设置"终止条件"为"给定深度"或者"到离指定面指定的距离"时可用。

④ 孔直径：用于设置孔的直径。

⑤ 拔模：添加拔模到孔，可输入拔模角度值。选择"向外拔模"选项，则生成向外拔模。即孔在生成的过程中，截面形状是沿线性变大或变小。

2. 异型孔

与简单直孔相比，异型孔的形式要丰富得多，而且异型孔也可以在曲面上创建，单击"特征"|"异型孔向导"按钮，弹出"孔规格"属性管理器，如图 3-2-5 所示。"孔规格"的属性设置包括两个选项卡："类型"和"位置"，分别用于确定孔的形式和位置。

在"类型"选项卡中，各选项功能说明如下：

① 收藏（F）。可以自定义一类型和大小的孔，把它收藏和保存起来，在需要的时候调出使用。

② 孔类型（T）。孔类型中有 9 种不同形式的孔：柱形沉头孔、锥形沉头孔、孔、直螺纹孔、锥形螺纹孔、旧制孔、柱孔槽口、锥孔槽口中、槽口。

◇ 标准：跟孔相匹配的各国标准件的标准代号，有 ANSI Inch、ANSI Metric、AS、BSI、DIN、GB……我们在设计孔时，应选择"GB"。

◇ 类型：代表不同类型的标准件名称。不同的标准件有与之相匹配的孔，以柱形沉头孔为例，就有 8 种柱形螺栓与之相配如表 3-2-1 所示。

③ 孔规格。与指定螺纹栓相配合的孔的大小。

◇ 大小：用于选择不同规格大小的螺纹，如 M2、M5 等。

◇ 配合：用于设置孔与螺栓的配合关系：紧密、正常、松驰。

表 3-2-1　螺栓名称表

	螺　栓　名　称
1	Hex head bollys GB/t5782—2000
2	六角头螺栓 C 级别 GB/T5780—2000
3	六角头螺栓全螺纹 C 级 GB/T5781—2000
4	六角头螺栓全螺纹 GB/T5783—2000
5	内六角圆柱头螺钉 GB/T70.1—2000
6	内六角花形圆柱头螺钉 4.8 级 GB/T6190
7	内六角花形圆柱头螺钉 8.8 级和 10.9 级
8	开槽圆柱头螺钉 GB/T65—2000

◇ 显示自定义大小：可自定义一尺寸的孔。

④ 终止条件：孔端结束的条件，一共有 6 种选项：给定深度、完全贯穿、成形到下一面、成形到一顶点、成形到一面、到离指定面指定的距离。其含义如同上述"简单直孔"的终止条件。

⑤ 选项。孔的其他一些选项，与相应的螺栓（钉）相匹配，选项的形式和内容也有所不同。

3.2.3　特征阵列

特征阵列，也称特征复制，SolidWorks 2014 提供了 7 种特征阵列方法：线性阵列、圆周阵列、镜向特征、草图驱动阵列、曲线驱驱动阵列、填充阵列、表格驱动阵列。特征复制可以建立相同特征的全参数控制，可以很好地控制特征阵列的形式和数量，减少许多重复性的劳动。项目 3 仅介绍圆周阵列和草图驱动阵列，其他阵列方法在后续的项目中介绍。

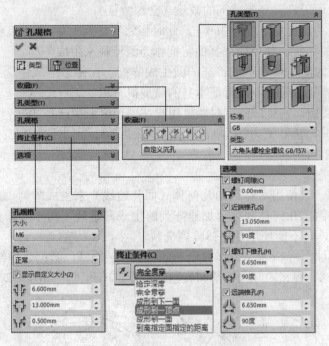

图 3-2-5 "孔规格"属性管理器

1．圆周阵列

单击"特征"|"圆周阵列"按钮，弹出"圆周阵列"属性管理器，如图 3-2-6 所示。

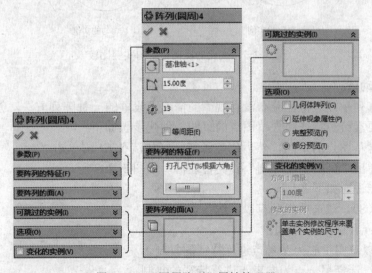

图 3-2-6 "圆周阵列"属性管理器

（1）参数（P）。

◇ 阵列轴：阵列轴可为坐标轴、圆形边线或草图直线、线性边线或草图直线、圆柱面或曲面、旋转面或曲面、角度尺寸，阵列绕此轴生成。如有必要，单击"反向"

来改变圆周阵列的方向。
- ◇ 角度：用于设置每个实例之间的角度。
- ◇ 实例数：用于设置复制特征的数量（含源特征）。
- ◇ 等间距：自动设置总角度为360°。此时相邻特征间夹角=总角度/实例数。

（2）要阵列的特征。使用所选择的特征作为源特征来生成阵列。

（3）要阵列的面。使用构成特征的面生成阵列。在图形区域中选择特征的所有面，这对于只输入构成特征的面而不是特征本身的模型很有用。

（4）可跳过的实例。在生成阵列时跳过用户在图形区域中选择的阵列实例。当鼠标移动到每个阵列实例上时，指针变为。单击以选择阵列实例，则出现阵列实例的坐标。若想恢复阵列实例，再次单击实例即可。

（5）选项。
- ◇ 几何体阵列。只使用对特征的几何体（面和边线）来生成阵列，而不阵列和求解特征的每个实例。几何体阵列可加速阵列的生成和重建。对于与模型上其他面共用一个面的特征，则不能使用几何体阵列选项。
- ◇ 延伸视象属性。将SolidWorks的颜色、纹理和装饰螺纹数据延伸给所有阵列实例。

（6）变化的实例。相邻的阵列特征间夹角递增指定的角度，如图3-2-7（a）所示。

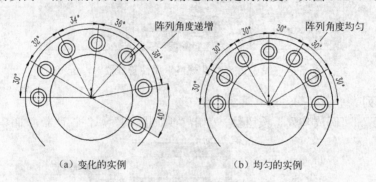

图3-2-7 变化的实例与均匀实例比较

2. 草图驱动阵列

草图驱动阵列是针对特征分布没有规律的情况下设置的一种阵列方法，创建草图驱动阵列，需要两个要素：源特征和含草图点的草图。创建步骤如下：

首先创建含草图点的草图，然后创建源特征（如沉孔），再单击"特征"|"草图驱动阵列"按钮，弹出"草图驱动阵列"属性管理器，如图3-2-8所示。

各选项功能说明如下：

（1）选择（S）。该选项组下有以下选项。
- ◇ 参考点：含草图点的草图。
- ◇ 重心：以草图重心为参考点进行特征的复制。
- ◇ 所选点：选择另一点为参考点进行特征的复制。

以草图重心为参考点进行特征复制，与带有所选点的草图阵列两者的区别如图3-2-9所示。

（2）要阵列的特征（F）。参阅圆周阵列中相应内容。

（3）要阵列的面（A）。参阅圆周阵列中相应内容。

图 3-2-8 "草图驱动阵列"属性管理器

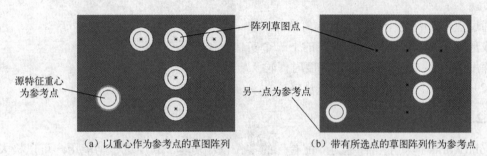

(a) 以重心作为参考点的草图阵列　　(b) 带有所选点的草图阵列作为参考点

图 3-2-9 两种参考点阵列比较

（4）要阵列的实体（B）。参阅圆周阵列中相应内容。
（5）选项（O）。参阅圆周阵列中相应内容。

3.2.4 装饰螺纹线

装饰螺纹线用于描述特定孔的属性，这样就不必给模型添加实际螺纹线了。装饰螺纹线代表凸台上螺纹线的牙底直径，或代表孔上螺纹线的牙顶直径，可以在零件、装配体、工程图上显示螺纹线。

单击"注解"工具栏中的"装饰螺纹线"按钮，或单击"插入"|"注解"|"装饰螺纹线"命令。弹出"装饰螺纹线"属性管理器，如图 3-2-10 所示。各选项功能说明如下。

 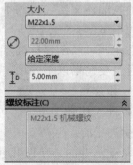

图 3-2-10 "装饰螺纹线"属性管理器

（1）螺纹设定。该选项组有如下选项。
① 圆形边线。在图形区域中选择一圆形边线。

② 标准。为装饰螺纹线设定尺寸标注标准。各国的螺纹标准代号有 ANSI Inch、ANSI Metric、AS、BSI、DIN、GB……我们应选择中国国家标准代号 GB。

③ 类型。用于选取螺纹线类型，例如机械螺纹、直管螺纹。

④ 大小。根据所选择的尺寸标注标准来选取装饰螺纹线的大小。列举有选定边线的有效值。

⑤ 次要直径、主要直径或圆锥等距。为与带有装饰螺纹线的实体类型对等的尺寸设定直径。

⑥ 终止条件。装饰螺纹线从所选边线延伸到终止条件，终止条件如下。

给定深度：一指定的深度。在从面/基准面开始中，选择面或平面，然后在下方指定螺纹深度。

通过点（T）：完全贯穿现有几何体。

成形到下一面：至隔断螺纹线的下一个实体。

深度：当终止条件为给定深度时，输入一数值。

（2）螺纹标注。用于显示螺纹规格。

3.2.5 配置零件

SolidWorks 提供了一种称为"配置"的零件设计功能，利用这个功能用户可以极大地提高设计效率，配置零件是基本结构相同而只在某些细节和尺寸规格上有所差异的零件族。SolidWorks 提供一种称为配置的方法来描述相似零件，每个配置可以在特征构成和尺寸规格方面有所差异。一个零件的所有配置都存在于同一个零件文件中，在零件环境下建立配置规格表可以传递到工程图中。使用配置有如下优点：

（1）用同一个零件文档可以得到多个零件。生产中，有许多零件具有相同的特征和相似的结构，我们可以利用配置功能仅用一个零件模型生成众多模型。

（2）用同一个零件文档可以得到从毛坯到成品整个加工过程的所有模型。比如通过压缩凹槽、抽壳等特征，就可以得到加工该零件所用的毛坯。

（3）对于复杂模型，压缩一些不重要的特征可以提高模型显示速度，同时也有利于后续工作的使用，比如模型建立好以后，经常需要进行 CAE 分析，压缩一些圆角、倒角之类的特征，不会影响分析的结果，而且会提高分析效率。

（4）使用同一个装配体文档，得到不同版本的产品，比如同样的车身，使用不同的发动机，就可得到不同的车型。

（5）利用配置功能，可以创建标准零件库，比如用一个零件文档可以创建系列螺栓。

零件的配置项目主要包括以下各项：

◇ 修改特征尺寸和公差。

◇ 压缩特征、方程式和终止条件。

◇ 指定质量和引力中心。

◇ 使用不同的草图基准面、草图几何关系和外部草图几何关系。

◇ 设置单独的面颜色。

◇ 控制基体零件的配置。

◇ 控制分割零件的配置。

◇ 控制草图尺寸的驱动状态。

◇ 生成派生配置。
◇ 定义配置属性。

1．手动生成配置

如果手动生成配置，需要先指定其属性，然后修改模型以在新配置中生成不同的设计变化。

步骤1：在零件文件中，单击"配置管理器"选项卡，切换到"配置管理器"界面中。

步骤2：在"配置管理器"界面中，用鼠标右键单击零件的图标，在弹出的菜单（见图3-2-11）中选择"添加配置"命令，弹出"配置属性"对话框，如图3-2-12所示。输入"配置名称"并指定新配置的相关属性，单击"确定"按钮。

图 3-2-11 配置快捷菜单　　　图 3-2-12 "配置属性"对话框

此时可根据设计要求，修改模型以在新配置中生成不同的设计变化。

2．激活配置

其操作步骤如下。

步骤1：单击"配置管理器"选项卡，切换到"配置管理器"界面中。

步骤2：在所要显示的配置图标上单击鼠标右键，在弹出的菜单（如图3-2-13所示）中选择"显示配置"命令或者双击该配置的图标。

此配置成为激活的配置，模型视图立即更新以反映新选择的配置。

3．编辑配置

编辑配置主要包括编辑配置本身和编辑配置属性。

① 编辑配置。激活所需的配置，切换到"特征管理器设计树"中。

在零件文件中，根据需要改变特征的压缩状态或者修改尺寸等。

② 编辑配置属性。切换到"配置管理器"中，用鼠标右键单击配置名称，在弹出的菜单（如图3-2-13所示）中选择"属性"命令，弹出"配置属性"对话框，如图3-2-14所示。根据需要，设置"配置名称"、"说明"、"备注"等属性，单击"自定义属性"按钮添加或者修改配置的自定义属性，设置完成后，单击"确定"按钮。

操作步骤

1．新建文档

启动SolidWorks 2014，新建文档，选择进入"零件"模块，单击"保存"图标按钮

，在弹出的对话框中，保存路径取为 D：\SolidWorks\项目 3，文件名为"阀盖"，保存类型取"零件（*.prt，*.sldprt）"，单击保存按钮。

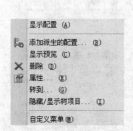

图 3-2-13 "显示配置"快捷菜单　　图 3-2-14 "配置属性"对话框

2．绘制阀盖外形草图

选择绘图区左侧的 FeatureManager 设计树下的"FRONT"基准面，接着单击"草图"工具条中的"绘制草图"按钮，进入草图绘制环境。利用草图工具，直线、倒圆角、倒斜角，并给草图添加约束关系，使草图完全约束，结果如图 3-2-15 所示。

3．创建阀盖外形三维模型

单击"特征"工具条中的"旋转凸台/基体"命令按钮，以草图唯一的中心线为旋转轴，在"旋转深度"中输入旋转角度 360°，再单击"确定"按钮即可创建阀盖基体，如图 3-2-16 所示。

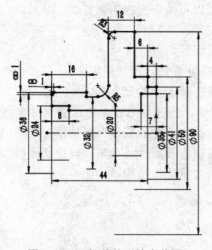

图 3-2-15 阀盖外形轮廓草图　　　　图 3-2-16 阀盖外观造型

4. 创建沉孔

单击"特征"工具条中的"异型孔向导"命令按钮,弹出"异型孔向导"对话框。在对话框中选中"类型"选项卡,在"类型"选项中选择如下子选项。

◇ 孔类型:柱形沉头孔。

◇ 孔规格:自定义尺寸。通孔直径$\phi 4$;柱形沉头孔直径$\phi 8$;柱形沉头孔深度 4。

◇ 终止条件:完全贯穿。

◇ 选项:无。

上述参数设定完后,切换到"位置"选项卡。然后用鼠标左键单击阀盖的左端面,在左端面上会出现一蓝色的点,添加该点和中心原点"水平"几何关系,添加两点间距离 34。最后单击"确定"按钮,完成单个沉孔的创建,如图 3-2-17 所示。

5. 创建 M5 螺纹孔

单击"特征"工具条中的"异型孔向导"命令按钮,弹出"异型孔向导"对话框。在对话框中选中"类型"选项卡,在"类型"选项中选择如下子选项。

◇ 孔类型:直螺纹孔、GB、螺纹孔。

◇ 孔规格:选择 M5。

◇ 终止条件:盲孔深度 8,螺纹线深度 5。

◇ 选项:无。

上述参数设定完后,切换到"位置"选项卡。然后用鼠标左键单击阀盖的右端面,在右端面上会出现一蓝色的点,添加该点相对于中心点的位置关系,最后单击"确定"按钮,完成单个螺纹孔的创建,如图 3-2-18 所示。

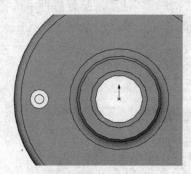 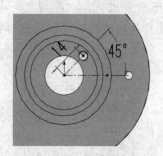

图 3-2-17 创建沉孔　　　　　　　　图 3-2-18 创建螺纹孔

6. 沉孔和螺纹孔圆周阵列

(1) 单击菜单栏中的"视图"|"临时轴"命令按钮,阀盖中心临时轴线显示。

(2) 单击"特征"工具条中的"圆周阵列"命令按钮,弹出"圆周阵列"属性管理器。输入圆周阵列参数,选择刚显示的基准轴为阵列轴,阵列角度 60°,阵列数量 6;要阵列的特征为上文创建的沉孔。最后单击"确定"按钮,完成沉孔的圆周阵列,如图 3-2-19 所示。

(3) 继续单击"特征"工具条中的"圆周阵列"命令按钮,弹出"圆周阵列"属性管理器。输入圆周阵列参数,选择刚显示的基准轴为阵列轴,阵列角度 120,阵列数量 3;要阵列的特征为上文创建的螺纹孔。最后单击"确定"按钮,完成螺纹孔的圆周阵列,如图 3-2-20 所示。

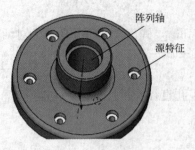
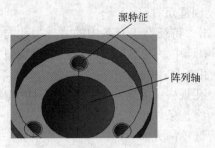

图3-2-19 沉孔圆周阵列　　　　　　图3-2-20 螺纹孔的圆周阵列

7．添加装饰螺纹线

单击"注解"工具条中的"装饰螺纹线"按钮，选择一圆形边线插入装饰螺纹线，螺纹底径34，终止条件是成形到下一面，单击"确定"按钮，完成装饰螺纹孔的创建。

8．添加配置零件

（1）在零件文件中，单击"配置管理器"选项卡，切换到"配置管理器"界面中。

（2）在"配置管理器"界面中，用鼠标右键单击阀盖的图标，在弹出的菜单（如图3-2-11所示）中选择"添加配置"命令，弹出"配置属性"对话框，如图3-2-12所示。输入"配置二"的"配置名称"，若需要可以指定新配置的相关属性，单击"确定"按钮。此时，配置二显示。

（3）在零件文件中，再次单击"Featuremanager设计树"选项卡，显示阀盖的设计树。

（4）用鼠标右键单击"M5 螺纹孔 1"特征图标，在弹出的菜单中选择"特征属性"，弹出该特征的"特征属性"对话框，如图3-2-21所示。钩选"压缩"，配置方框中选择"此配置"，表示此螺纹孔在"配置二"中被压缩。单击"确定"按钮，完成螺纹孔压缩。同时螺纹孔的圆周阵列也被压缩，图标都呈灰色。

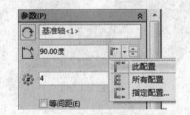

图3-2-21 配置二中压缩螺纹孔　　　　图3-2-22 配置二中设置阵列参数

（5）用鼠标右键单击沉孔的"圆周阵列"图标 阵列(圆周)1，在弹出的菜单中选择"编辑特征"。修改圆周阵列的阵列参数，阵列角度为90°，实例数为4，在这两参数右侧的下拉式箭头处选择"此配置"，表示这两个参数只应用在"配置二"中，如图3-2-22所示。单击"确定"按钮，完成该配置。

（6）用鼠标右键单击沉孔图标 打孔尺寸(%根据六角头螺栓C级的类型1，在弹出的菜单中选择"编辑特征"。修改沉孔的自定义参数，如图3-2-23所示，继续单击图中"配置"按钮，弹出新的对话框，如图3-2-24所示。按图中选择"配置二"和"此配置"，说明沉孔参数的修改只属于"配置二"。连续单击"确定"按钮，完成沉孔参数在"配置二"中的更改设计。

项目 3 回转体类零件三维建模

图 3-2-23 修改沉孔参数

图 3-2-24 配置二中沉孔参数设定

此时，单击 "配置管理器" 选项卡下的两配置，可以看到阀盖两个不同配置。用鼠标左键分别双击两个配置图标，在绘图区域可以显示两种不同阀盖，如图 3-2-25 所示。

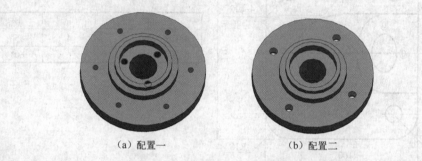

（a）配置一　　　　　　　　（b）配置二

图 3-2-25 阀盖两种不同配置零件比较

重点串联

创建阀盖的关键步骤如图 3-2-26 所示。

第一步 创建阀盖外形

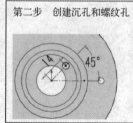

第二步 创建沉孔和螺纹孔

第三步 孔的圆周阵列

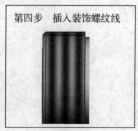

第四步 插入装饰螺纹线

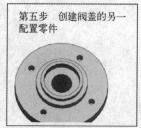

第五步 创建阀盖的另一配置零件

图 3-2-26 阀盖关键步骤

练习

根据图 3-2-27 所示完成两种配置的零件模型。

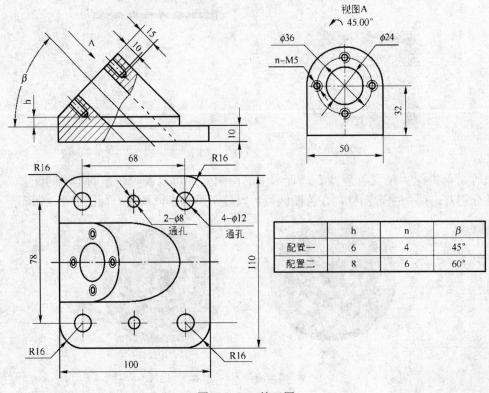

	h	n	β
配置一	6	4	45°
配置二	8	6	60°

图 3-2-27　练习图

项目4 叉架类零件三维建模

学习目的

掌握叉架类零件的建模基本思路,掌握特征操作的使用方法。了解特征管理树的操作方法。

学习目标

- 熟练掌握"拉伸体"特征命令使用方法。
- 掌握筋板命令的使用方法。
- 继续熟悉异型孔向导的使用。
- 掌握组合实体使用方法。
- 掌握分割线的操作方法。
- 掌握拔模使用方法:中性面、分型线、阶梯分型。
- 掌握镜像特征的建模方法。
- 掌握特征曲线驱动阵列的建模方法。
- 了解特征管理树的编辑、插入、删除、排序。
- 了解特征的压缩、解压缩、轻化。
- 了解 Instant3D 工具在创建模型中的作用。

模块 4.1 拨 叉 实 例

学习目标

1. 掌握拉伸体特征的使用。
2. 掌握筋板的使用方法。
3. 掌握分割线的使用方法。
4. 掌握拔模操作的使用方法。
5. 掌握基准特征的创建方法。
6. 掌握组合实体使用方法。
7. 了解特征管理树的编辑、特征插入、删除、重新排序。
8. 了解 Instant3D 工具在创建模型中的作用。

工作任务

正确理解图 4-1-1 所示拨叉零件图,运用拉伸、拔模、筋板、组合实体等建模方法,建立合理的建模思路，先外形轮廓，后细节特征的建模顺序，完成拨叉零件的三维模型。

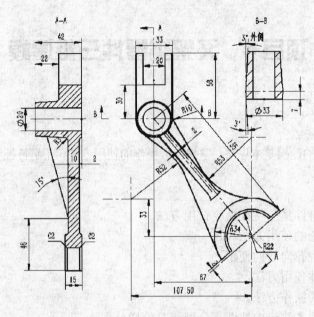

图 4-1-1 拨叉零件图

工作任务分析

拨叉是典型的叉架类零件，形状复杂，模型结构以拉伸体为主，通常其外侧有拔模斜度、筋板等特征。其造型方法为先从创建拨叉的基本形状开始，即首先创建全部的拉伸体特征，再创建拉伸体外侧的斜面及筋板，最后创建细节特征，倒斜角和倒圆角。

相关知识汇总

4.1.1 拉伸凸台/基体（拉伸切除）

"拉伸体"是将所绘制的平面草图沿指定的直线方向扫掠所形成的一几何体，也就是通常所说的"柱体"，若草图为封闭的曲线串，则可生成实体；若草图为开放的曲线串，则生成一片体的曲面。

单击"特征"|"拉伸凸台／基体"按钮 ，弹出"拉伸特征"属性管理器。设置各选项参数，如图 4-1-2 所示。各选项组功能说明如下。

1. 从（F）

用于定义了草图拉伸的起始位置。

（1）草图基准面。从草图所在平面作为拉伸起始位置，如图 4-1-3 所示。

（2）曲面/面/基准面。从选定的曲面/面/基准面开始拉伸，如图 4-1-4 所示。在"曲面/面/基准面" 选择框中选择有效面，面可以是平面或非平面。平面实体不必与草图基准面平行。草图必须完全包含在非平面曲面或面的边界内。草图在开始曲面或面处依从非平面实体的形状。

（3）顶点。从选中的顶点处开始拉伸，起始拉伸平面与草图平面平行，在"顶点" 选择框中选择有效点，如图 4-1-5 所示。

(4) 等距。从与草图基准面等距的平面开始拉伸,点击按钮设置等距方向,在"输入等距值"中设定等距距离,如图4-1-6所示。

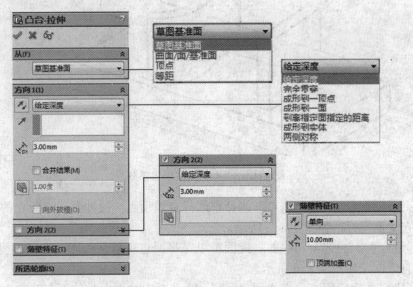

图4-1-2 "拉伸特征体"属性管理器

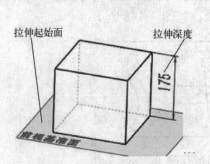

图4-1-3 从"草图基准面"开始拉伸

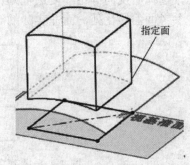

图4-1-4 从"曲面/面/基准面"开始拉伸

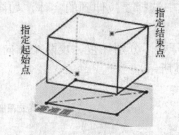

图4-1-5 从"顶点"开始拉伸

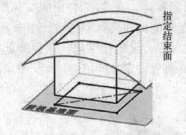

图4-1-6 从"等距面"开始拉伸

2. 方向1(1)

(1) 终止条件。拉伸体对拉伸结束的方式定义了7种不同的形式:给定深度、完全贯穿、成形到一顶点、成形到一面、到离指定面指定距离、成形到实体、两侧对称。

① 给定深度。用于设定拉伸体的深度,如图4-1-3所示。

② 完全贯穿。从草图的拉伸起始位置拉伸特征直到贯穿所有现有的几何体,如图4-1-7所示。

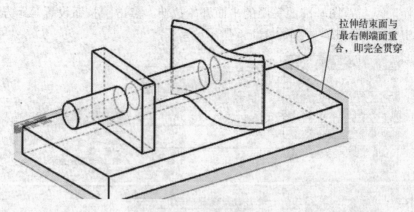

图 4-1-7 "完全贯穿"效果图

③ 成形到一顶点。激活"顶点"选择框选择有效顶点，拉伸至顶点所在的平面，该平面与草图所在平面平行，如图 4-1-5 所示。

④ 成形到一面。拉伸至选中面，此面可以是平面也可以是曲面，在"面/平面" 选择框中选择有效面，如图 4-1-6 所示。

⑤ 到离指定面指定距离。在"面/平面" 选择有效面，拉伸至与选中面成指定距离处，必要时，选择"反向等距"复选框则可以反方向等距移动。也可以选择"转化曲面"使拉伸结束在参考曲面转化处，而非实际的等距处，如图 4-1-8 所示。

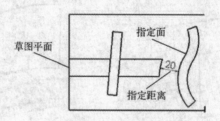

图 4-1-8 "到离指定面指定距离"示意

⑥ 成形到实体。在"实体/曲面实体"选择框中选择要拉伸到的实体，如图 4-1-9 所示。此方法在装配体和模具零件设计中非常有用。

⑦ 两侧对称。设定深度值，从拉伸起始位置开始，分别往正、反两个方向拉伸相同的距离值，距离值为设定拉伸值的一半，如图 4-1-10 所示。

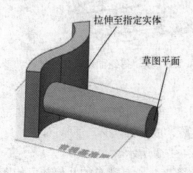

图 4-1-9 "成形到实体"示意

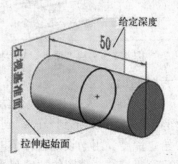

图 4-1-10 "两侧对称"示意图

(2)拉伸方向。在图形区域中选择方向向量以生成指定方向的拉伸体,当不选择拉伸方向时,草图基准面的法线方向为默认的拉伸方向;若指定拉伸方向,可以倾斜于草图所在基准面,如图 4-1-11 所示。

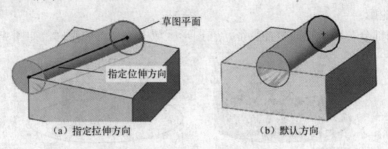

图 4-1-11　两种不同拉伸方向比较

(3)拔模角度 。单击"拔模开关"按钮 ,激活拔模,设定拔模角度,也可以勾选"向外拔模"复选框,向外拔模。默认条件下无拔模,即截面在扫掠的过程中无变化,如图 4-1-12 所示。

图 4-1-12　拔模

(4)合并结果（M）。勾选"合并结果",使拉伸的实体与其他实体合并成一整体,否则就是一独立的拉伸体。

注意:两合并的几何体必须是面接触或者有体相交,否则无法合并。

3．方向 2（2）

激活"方向 2（2）"前的选择框,使草图分别往正反两个方向拉伸,具体选项的设置与方向 1 一致,在此不再详述。

4．薄壁特征

"薄壁特征"可以生成一"空壳"类的拉伸体,可作为钣金零件的基础。拉伸体是草图曲线草图基准面内偏置一厚度后进行拉伸。"薄壁特征"的类型有以下 3 种方式:单向、两侧对称、双向。

(1)单向。设定草图向某一方向偏置后拉伸,可选择 按钮改变薄壁方向,如图 4-1-13（a）所示。

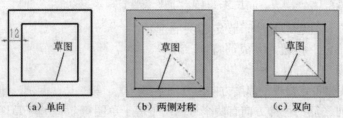

图 4-1-13　"薄壁特征"示意图

（2）两侧对称。设定草图向两方向偏置相同厚度后拉伸，设定偏置值，如图 4-1-13（b）所示。

（3）双向。设定草图向两方向偏置后拉伸，设定偏置值，如图4-1-13（c）所示。

5．所选轮廓

允许使用部分草图来生成拉伸特征，在图形区域中选择草图轮廓，如图 4-1-14 所示。

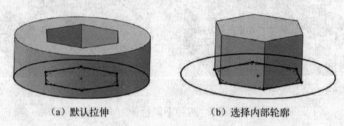

(a) 默认拉伸　　　　　(b) 选择内部轮廓

图 4-1-14　所选轮廓示例

4.1.2　筋板

"筋"是在零件上用于增加强度的部分，生成筋特征之前，必须首先绘制一个零件相交的草图，草图可以是开环，也可以是闭环。

1．"筋"操作步骤

（1）在基准面上绘制使用为筋特征的草图。

（2）单击"筋"按钮，弹出"筋"属性管理器，如图 4-1-15 所示。

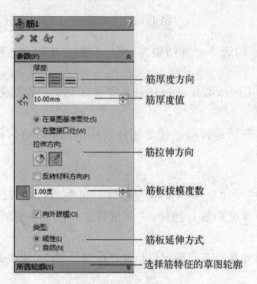

图 4-1-15　"筋"属性管理器

（3）在"筋"属性管理器中，设定相关的选项。

（4）单击"确定"按钮，完成筋特征。

2．"筋"选项

（1）厚度。用来设定盘板的厚度方向，分别是第一边、第二边、两侧，如图4-1-16所示。

（2）拉伸方向。筋的拉伸方向有两个方向：平等于草图 ◇、垂直于草图 ◇，如图4-1-16所示。

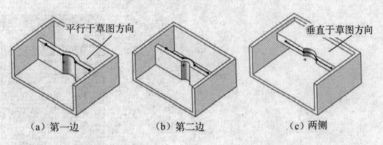

图 4-1-16 厚度方向三种形式

（3）拔模。单击"拔模开关" ![icon]，处于打开状态，意味着筋板在拉伸过程中侧面有斜度。

（4）类型。用于设定筋板的延伸方式。

◇ 线性：当生成筋板时，若草图未与实体相交，则软件自动将草图沿切线方向延伸至与实体相交，最终生成筋板，如图 4-1-17（a）所示。

◇ 自然：当生成筋板时，若草图未与实体相交，则软件自动将草图以相同轮廓方式延伸至与实体相交，最终生成筋板，如图 4-1-17（b）所示。

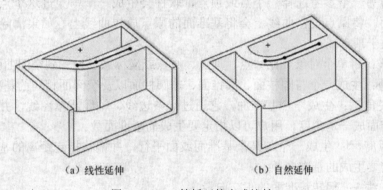

图 4-1-17 筋板延伸方式比较

（5）所选轮廓。列举用来生成筋特征的草图轮廓。

4.1.3 基准特征

基准特征是零件建模的辅助工具，它为实体建模提供平面、轴、点、坐标系等工具。在 SolidWorks 软件的建模环境中，有 3 个系统默认的相互垂直的基准面：前视基准面、右视基准面、上视基准面，在"featuremanager 设计树"中有显示，如图 4-1-18 所示。

1．基准面

在实际建模时，很多情况下，有些草图平面不在三个系统默认的基准上，需要创建新的草图平面方可完成建模。

单击"基准面" ![icon] 按钮，弹出"基准面"属性管理器，如图 4-1-19 所示。在第一参考、第二参考、第三参考选择框中选择生成基准面的各几何对象（点、线、面），单击"确定"按钮 ![icon]，即可完成基准面的创建。

在参考选择框中选择参考对象后，系统会自动显示其他约束类型，各约束类型含义如下。

◇ 重合 ![icon]：生成一个穿过选定参考的基准面。

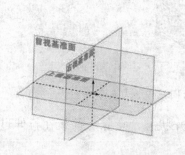
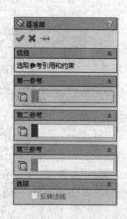

图 4-1-18 默认的三个基准面　　　　图 4-1-19 "基准面"属性管理器

◇ 平行 ◣：生成一个与选定基准面平行的基准面。例如，为一个参考选择一个面，为另一个参考选择一个点，软件会生成一个与这个面平行并与这个点重合的基准面。

◇ 垂直 ⊥：生成一个与选定参考垂直的基准面。例如，为一个参考选择一条边线或曲线，为另一个参考选择一个点或顶点，软件会生成一个与穿过这个点的曲线垂直的基准面。将原点设在曲线上会将基准面的原点放在曲线上。如果清除此选项，原点就会位于顶点或点上。

◇ 投影 ⬥：将单个对象（比如点、顶点、原点或坐标系）投影到空间曲面上。

◇ 相切 ⌒：生成一个与圆柱面、圆锥面、非圆柱面以及空间面相切的基准面。

◇ 两面夹角 ◩：生成一个基准面，它通过一条边线、轴线或草图线，并与一个圆柱面或基准面成一定角度。用户可以指定要生成的基准面数。

◇ 偏移距离 ⊢⊣：生成一个与某个基准面或面平行，并偏移指定距离的基准面。用户可以指定要生成的基准面数。

◇ 反转法线 ✥：翻转基准面的正交向量。

◇ 两侧对称 ≡：在平面、参考基准面以及 3D 草图基准面之间生成一个两侧对称的基准面，对两个参考都选择两侧对称。

创建基准面的方法主要有以下 6 种形式。

◇ 通过直线/点：选择两个参考，生成一个通过已有边线、基准轴、草图线和已有点的基准面，基准面和两参考重合，如图 4-1-20 所示。

◇ 通过点和平行面：选择两个参考，生成一个平行于已有平面并通过已知点的基准面，如图 4-1-21 所示。

◇ 两面夹角：选择两个参考，生成一个与已有平面成一定角度，并通过某已知直线的基准面，如图 4-1-22 所示。

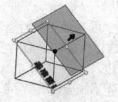

图 4-1-20 通过直线/点　　　图 4-1-21 通过点和平面　　　图 4-1-22 两面夹角

- 等距距离：选择一个参考，生成一个与已知面成指定距离的基准面。如图 4-1-23 所示，必要时可选择"反向"复选框以改变等距方向。如需等距不止一个基准面，可在"要生成的基准面数"文本框内输入基准数。
- 垂直于曲线：生成一个通过已知曲线上某一点并与曲线在该点的法线方向垂直的基准面，如图 4-1-24 所示。
- 曲面切平面：生成一个通过已知点，并与已知曲面相切的基准面，如图 4-1-25 所示。

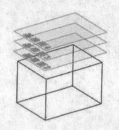 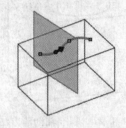 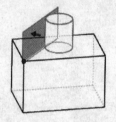

图 4-1-23 "等距"基准面　　　图 4-1-24 垂直于曲线　　　图 4-1-25 相切于曲面

2．基准轴

基准轴在创建基准面、圆周阵列、同轴装配中最常使用。在 SolidWorks 软件中，凡是回转体自身都带有中轴线，被默认为临时轴，在需要显示时，可以单击"视图"工具栏中"临时轴"按钮，使之处于摁下状态（即显示）。但多数情况下，建立模型所需要的基准轴不是临时轴，而是要创建一个新的基准轴。

单击"基准轴" 按钮，进入"基准轴"属性管理器，如图 4-1-26 所示。基准轴的创建方法有 5 种，具体如下。

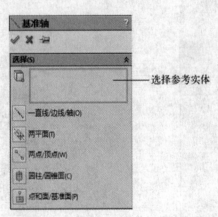

图 4-1-26 "基准轴"属性管理器

- 一直线/边线/轴（O）：通过选择一草图直线、实体边线、轴来生成基准轴，如图 4-1-27 中的基准轴 1，选择对象为长方体的一左侧边线。
- 两相交平面（T）：通过选择两相交平面来创建基准面，即两平面的交线，如图 4-1-27 中的基准轴 4，选择的对象是长方体的右侧平面和圆台的顶平面。
- 两点/顶点（W）：通过选择两已知点来创建基准轴，如图 4-1-27 中的基准轴 2，选择对象为长方体对角点。
- 圆柱/圆锥面（C）：选择圆柱或圆锥表面生成基准轴，如图 4-1-27 中的基准轴 3，选择对象是圆锥表面。
- ◇ 点和面/基准面（P）：通过选择一曲面和一点，生成一个垂直于选曲面，并通过所选点的基准面。如图 4-1-27 中的基准轴 5，选择的对象是圆锥面和锥面上一点。

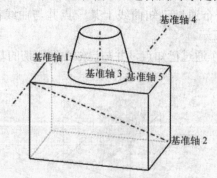

图 4-1-27　基准轴创建方法

3．参考点

参考点主要用于空间定位，往往和空间坐标系配合使用，单击"点"按钮 ✳，进入"点"属性管理器，如图 4-1-28 所示。参考点的创建方法有：圆弧中心、面中心、交叉点、投影点、等分点等，具体创建过程简单直观，在此不再详述。

4．参考坐标系

参考坐标系多用测量和模型质量属性分析，可以建立新坐标系，也可以移动坐标系。单击"坐标系"按钮，进入"坐标系"属性管理器，如图 4-1-29 所示。

图 4-1-28　"点"属性管理器

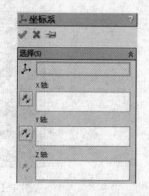

图 4-1-29　"坐标系"属性管理器

（1）原点。为坐标系原点选择顶点、点、中点或零件上或装配体上默认的原点。

（2）X 轴、Y 轴和 Z 轴。为轴方向参考选择以下之一。
- ◇ 顶点、点或中点：将轴向所选点对齐。
- ◇ 线性边线或草图直线：将轴与所选边线或直线平行。
- ◇ 非线性边线或草图实体：将轴向所选实体上的所选位置对齐。
- ◇ 平面：将轴与所选面的垂直方向对齐。

（3）反转轴方向。反转轴的方向。

4.1.4 拔模

"拔模"是以指定的角度斜削模型中所选的面，其典型应用就是在模具设计中，使零件更容易脱出型腔。从现有的特征上插入拔模特征，主要有三种方法：中性面拔模、分型线拔模、阶梯拔模。

单击"拔模"特征按钮，弹出"拔模"属性管理器。该属性管理器有两个切换按钮可供使用，如图4-1-30所示。

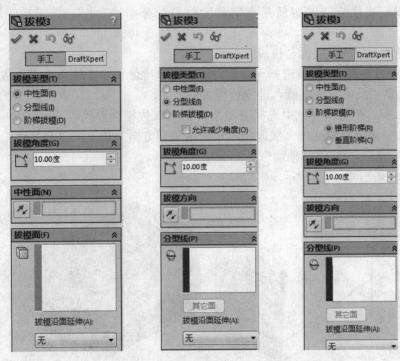

图4-1-30 "拔模"属性管理器

◇ 手工。有3种类型的拔模方式：中性面拔模、分型线拔模、阶梯拔模。
◇ DraftXpert（仅限于中性面拔模）。当需要使用 SolidWorks 软件管理基本特征的结构时，可以使用此 PropertyManager。

1．中性面拔模

中性面拔模共有选项：拔模角度、中性面、拔模面，它们之间的相互关系如图4-1-31所示。

（1）拔模角度。拔模后的面与拔模方向间的夹角。

（2）中性面。选择一平面或基准面，拔模过程中固定不动的面，也称固定面，中性面决定了拔模方向，拔模方向与中性面垂直。

（3）拔模面。指要生成拔模面的初始面。

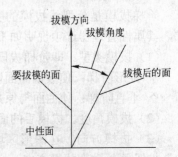

图4-1-31 拔模要素之间的关系图

（4）拔模沿面延伸。如果要将拔模延伸到额外的面，可在"拔模沿面延伸"下选择合适的项目。

◇ 无：只在选中的面上进行拔模。
◇ 沿切面：将拔模延伸到与所选面相切的面。
◇ 所有面：将所有从中性面拉伸的面进行拔模。
◇ 内部的面：将所有从中性面拉伸的内部面进行拔模。
◇ 外部的面：将所有在中性面旁边的外部面进行拔模。

2. 分型线拔模

"分型线"选项可对分型线周围的曲面进行拔模。分型线可以是空间的。如要在分型线上拔模，首先插入一条分割线来分离要拔模的面，或者也可以使用现有的模型边线。然后再指定拔模方向，也就是指定移除材料的分型线一侧。其属性管理器中选项说明如下。

◇ 拔模角度：拔模后的面与拔模方向间的夹角。
◇ 拔模方向：在图形区域选择一条直边线、一基准轴或一个平面来指定拔模方向，也单复选框"反向"按钮■，改变拔模方向。
◇ 分型线■：在图形区域中选择分型线（在插入拔模之前绘制分型线），注意箭头方向。如要为分型线的每一线段指定不同的拔模方向，请单击"分型线"方框中的边线名称，然后单击"其他面"。

分型线拔模如图 4-1-32 所示。

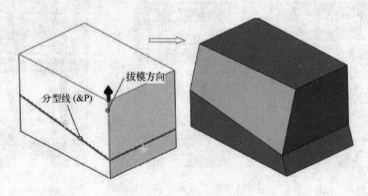

图 4-1-32 分型线拔模

3. 阶梯拔模

阶梯拔模是分型线拔模的变异。与分型线拔模稍有区别，此可产生较小的面，代表阶梯，其属性管理器选项说明如下。

（1）拔模类型。即阶梯拔模。有以下两个选项。

◇ 锥形阶梯：使拔模曲面以与锥形曲面相同的方式生成。
◇ 垂直阶梯：使曲面与原来的主面垂直。

（2）拔模角度。拔模后的面与拔模方向间的夹角。

（3）拔模方向。在图形区域选择平面或基准面来指定拔模方向，也可单击复选框"反向"按钮■，改变拔模方向。

（4）分型线■。在图形区域中选择分型线（在插入拔模之前绘制分型线），注意箭头方向。如要为分型线的每一线段指定不同的拔模方向，请单击"分型线"方框中的边线名称，然后单击"其他面"按钮。阶梯拔模和分型线拔模对比如图 4-1-33 所示。

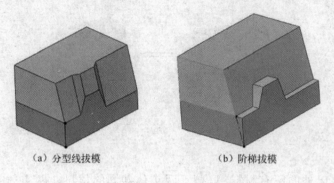

图 4-1-33 两种拔模比较

> **注意**:分型线的定义必须满足以下条件:
> ◇ 在每个拔模面上至少有一条分型线线段与基准面重合。
> ◇ 其他所有分型线线段处于基准面的拔模方向。
> ◇ 没有分型线线段与基准面垂直。

4.1.5 组合实体

在多实体零件中,可将多个实体进行组合来生成一单一实体零件或另一个多实体零件。

可以添加或减除实体,也可以保留与所选实体共有的材料,相当于对实体进行布尔运算。

SolidWoks 软件只能将同一个多实体零件文件中包含的各个实体进行组合,但它无法组合两个单独的零件。

单击"组合"按钮,弹出"组合"属性管理器,如图 4-1-34 所示。操作类型中有 3 项:添加、删减、共同。

图 4-1-34 "组合"属性管理器

1. 添加

将所有的所选实体相组合以生成一个单一实体。相组合的实体必须有体交叉或者面接触,仅仅有线面接触或点接触不能组合,如图 4-1-35 所示。

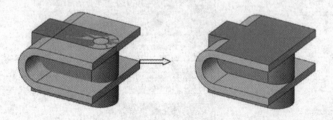

图 4-1-35 "添加"两实体

2. 删减

从所选主实体中移除重叠材料,主实体和减除实体必须要有体相交,如图 4-1-36 所示。

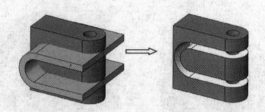

图 4-1-36 "删减"两实体

3．共同

移除除了重叠以外的所有材料，只剩下两实体共同的材料，两实体必须有体相交，如图 4-1-37 所示。

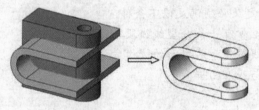

图 4-1-37 "共同"两实体

4.1.6　分割实体

"分割"实体将零件切除为多实体。分割线就会出现在零件上，显示分割生成的不同实体。单击"分割"按钮 ![], 弹出"分割"属性管理器，如图 4-1-38 所示。选择剪裁工具后，再单击下方的"切割实体"按钮，就可分割实体。

图 4-1-38 "分割"属性管理器

剪裁工具可以选择以下三种类型。

（1）基准面或模型平面。面在各个方向可以无限延伸，如图 4-1-39 所示。

（2）草图。草图以双向全部拉伸。

（3）参考曲面及空间模型面。这些曲面和面不延伸其边界，即要成功分割实体，曲面边界要超出实体的所有边界,如图 4-1-40 所示。

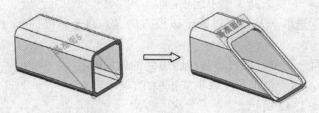

图 4-1-39　基准面分割实体

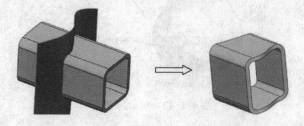

图 4-1-40　空间曲面分割实体

4.1.7　分割线

分割线工具将实体(草图、实体、曲面、面、基准面、或曲面样条曲线)投影到表面、曲面或平面。它将所选面分割成多个单独面。分割线可有三种类型：投影分割线、轮廓分割线、交叉点分割线。在拔模操作中,用分割线工具可把整块分成若干小块。

单击"曲线"工具条上的"分割线"按钮，弹出"分割线"属性管理器。分割类型分三种：轮廓、投影、交叉点,选中各类型后,管理器稍有区别,选项也有所不同,如图 4-1-41 所示。

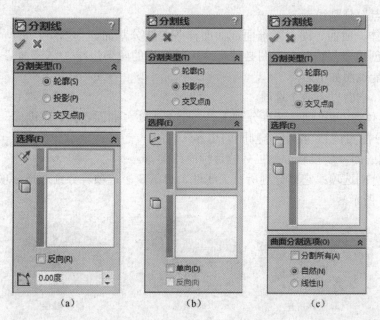

图 4-1-41　"分割线"属性管理器

1. "轮廓"分割线

"轮廓"类型选项下要选择3个子选项：

（1）拔模方向。选取一基准面以确定拔模方向（垂直于基准面），投影穿过模型的侧影轮廓线（外边线）。

（2）要分割的面。用于选取投影基准面所到的曲面。

（3）拔模角。用于设定角度以生成拔模角。

创建效果如图4-1-42所示。

图4-1-42 轮廓分割线

2. "投影"分割线

"投影"类型选项下有3个子选项：

（1）要投影的草图。选择一草图以用于投影，可以在同一草图中选择多个轮廓。

选择的草图以草图基准面垂直方向进行投影，投影后的分割线不可超出要分割面的边界。

（2）要分割的面。投影草图所用的面，可为曲面或平面。

（3）单向。勾选往一个方向投影分割线，否则就是双向投影。

使用草图文字生成投影分割线。这对于生成贴图一类的项目十分有用，也可以分割一平面做拔模。"投影分割线"创建效果如图4-1-43所示。

图4-1-43 投影分割线

3. "交叉点"分割线

以交叉实体、曲面、面、基准面或曲面样条曲线分割面。当以开环轮廓草图创建分割线时，草图必须至少跨越模型的两条边线。"交叉点"分割线属性管理器各选项功能说明如下。

（1）选择。它有以下两个选项。

◇ 分割实体\面\基准面：选择分割工具（交叉实体、曲面、面、基准面、或曲面样条曲线），分割实体必须超出分割面的边界。

◇ 要分割的面：要投影分割工具的目标面或实体。

（2）曲面分割选项：它有分割所有、线性、自然3个选项。分别选择三项创建分割线效果如图4-1-44所示。

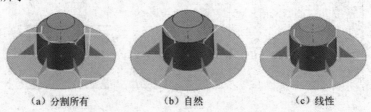

（a）分割所有　　　（b）自然　　　（c）线性

图4-1-44 不同选项分割线对比

操作步骤

1. 新建文档

启动 SolidWorks 2014，新建文档，选择进入"零件"模块，单击"保存"图标按钮，在弹出的对话框中，保存路径取为 D：\SolidWorks\项目 4，文件名为"拨叉"，保存类型取"零件（*.prt,*.sldprt）"，单击"保存"按钮。

2. 绘制拨叉轮廓草图

选择绘图区左侧的 FeatureManager 设计树下的"FRONT"基准面，接着单击草图工具条中的"绘制草图"按钮，进入草图绘制环境。利用草图绘制工具和草图约束工具绘制草图，如图 4-1-45 所示，绘制过程不再详细叙述。

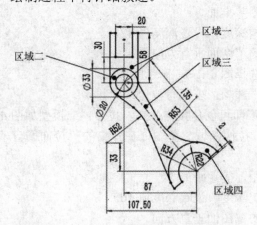

图 4-1-45 拨叉轮廓草图

该草图由 4 个封闭区域组成：区域一、区域二、区域三、区域四，分别对应着 4 个拉伸体，为下面创建拉伸体作准备。

3. 创建拨叉模型

（1）创建拉伸体一。单击"特征"工具条中的"拉伸凸台/基体"命令按钮，创建拉伸体一。在弹出的"拉伸凸台/基体"属性管理器中设置如下选项。

- ◇ 拉伸起始面：草图基准面。
- ◇ 拉伸终止面：给定深度，设置深度值 20。
- ◇ 拉伸方向：默认的草图面垂直方向。
- ◇ 拉伸草图轮廓：选择图 4-1-45 所示区域一。

单击"确定"按钮，即可创建拉伸体一，拉伸体一模型如图 4-1-46 所示。在绘图区左侧 FeatureManager 设计树下会出现拉伸体一的图标——凸台-拉伸1，拨叉草图轮廓在绘图区隐藏。

（2）创建拉伸体二。用鼠标单击拉伸体一图标前的"+"，会展开拨叉轮廓草图图标——凸台-拉伸1 草图1。选中该图标并单击鼠标右键，在弹出的快捷菜单中选择"显示"命令，此时，拨叉轮廓草图又会在绘图区中显示。

选中拨叉轮廓草图，继续单击"特征"工具条中的"拉伸凸台/基体"命令按钮，创建拉伸体二。在弹出的"拉伸凸台/基体"属性管理器中设置如下选项。

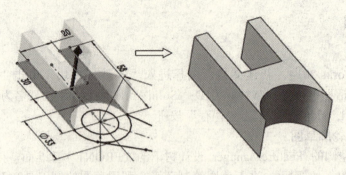

图 4-1-46　创建拉伸体一

◇ 拉伸起始面：草图基准面。
◇ 拉伸终止面：给定深度，设置深度值 42。
◇ 拉伸方向：默认的草图面垂直方向。
◇ 拉伸草图轮廓：选择图 4-1-45 所示区域二。
◇ 勾选"合并结果"选项，表示与拉伸一合并。

单击"确定"按钮 ✓ 即可创建拉伸体二，拉伸体二模型如图 4-1-47 所示。

（3）继续上述操作，拉伸区域二草图，在弹出的"拉伸凸台/基体"属性管理器中设置如下选项。

◇ 拉伸起始面：等距，等距距离 2。
◇ 拉伸终止面：给定深度，设置深度值 10。
◇ 拉伸方向：默认的草图面垂直方向。
◇ 拉伸草图轮廓：选择图 4-1-45 所示区域三。
◇ 勾选"合并结果"选项，表示与拉伸二合并。

单击"确定"按钮 ✓ 即可创建拉伸体三，拉伸体三模型如图 4-1-48 所示。

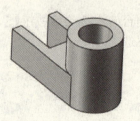

图 4-1-47　创建拉伸二

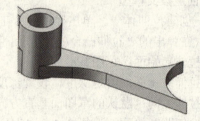

图 4-1-48　创建拉伸三

（4）重复上述步骤，创建拉伸体四，设置拉伸选项如下。

◇ 拉伸起始面：草图基准面。
◇ 拉伸终止面：给定深度，设置深度 15。
◇ 拉伸方向：默认的草图面垂直方向。
◇ 拉伸草图轮廓：选择图 4-1-45 所示区域四。
◇ 勾选"合并结果"选项，表示与拉伸三合并。

单击"确定"按钮 ✓ 即可创建拉伸体四，拨叉外形模型如图 4-1-49 所示。

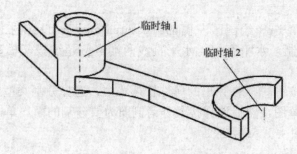

图 4-1-49　拨叉外形模型

4．创建加强筋

（1）创建基准面。单击菜单栏中"视图"｜"临时轴"按钮，凡是有回转面处都显示有"临时轴"，如图 4-1-45 所示。

单击工具条中"基准面"按钮，弹出"基准面"属性管理器。在"第一参考"选项中选择"临时轴 1"，在"第二参考"选项中选择"临时轴 2"，约束类型均选择"重合"，表示新创建基准面通过两临时轴。单击"确定"按钮后，创建基准面 1，如图 4-1-50 所示。

继续单击工具条中"基准面"按钮，在弹出的属性管理器中，选择"第一参考"为基准面 1，输入偏移距离 2，即创建一个与基准面 1 平行且相距 2 毫米基准面 2。注意基准面 2 在基准面 1 左侧，否则可以勾选"反转"按钮，切换新基准面的位置，如图 4-1-51 所示。

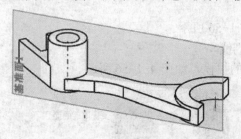

图 4-1-50　创建基准面 1

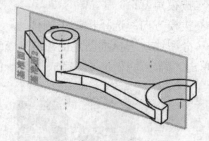

图 4-1-51　创建基准面 2

（2）创建筋板。选择基准面 2，接着单击"草图"工具条中的"绘制草图"按钮，进入草图绘制环境。绘制一直线，几何关系和尺寸关系如图 4-1-52 所示。单击"退出划图"命令按钮，退出草图环境。

单击"特征"工具条中的"筋"按钮，在弹出的"筋"属性管理器中选择如下选项：筋厚度为两侧；厚度值为 8mm；拉伸方向为平行于草图，无拔模。单击"确定"按钮后，创建筋板，如图 4-1-53 所示。

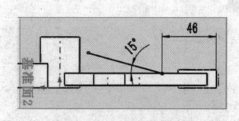

图 4-1-52　绘制筋板草图

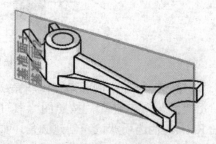

图 4-1-53　创建筋板

5. 拨叉侧面拔模

（1）创建分割线。选择绘图区左侧的 FeatureManager 设计树下的右视基准面，进入草图绘制环境。绘制一水平直线，水平直线两端点应超过拨叉模型边界，如图 4-1-54 所示。

单击"分割线"按钮，在弹出的属性管理器中，选择分割类型为投影，再选择刚绘制的草图为要投影的草图，然后选择拨叉外诸侧面为要分割的面，单击"确定"按钮，完成分割线创建，如图 4-1-55 所示。

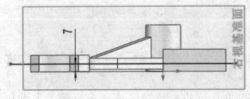 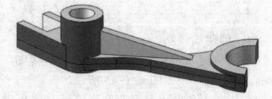

图 4-1-54 绘制分割线草图　　　　　图 4-1-55 创建拨叉侧面分割线

（2）创建拔模。由于拨叉是铸件，所以需要有拔模斜度，因此以上述分割线为界，创建双向的拔模斜度。单击工具条中"拔模"按钮，在弹出的属性管理器中设置如下选项。

◇ 拔模类型：分型线。
◇ 拔模角度：3 度。
◇ 拔模方向：选择拨叉一侧棱边，如图 4-1-56 所示。
◇ 分型线：选择刚创建的图 4-1-55 中分割线。

单击"确定"按钮，完成拨叉一侧诸面的拔模，如图 4-1-56 所示。

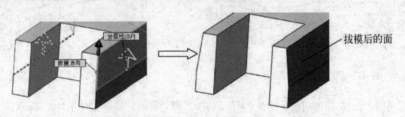

图 4-1-56 创建一组侧面的拔模

采用同样方法，创建分割线另一侧组面的拔模，创建结果如图 4-1-57 所示。

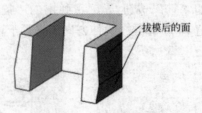

图 4-1-57 两侧拔模

6. 创建细节特征：倒圆角、倒斜角

单击"圆角"按钮，按照图 4-1-1 中所标注圆角尺寸，在相关的模型边线，输入圆角半径 R3，其他选项默认，创建圆角，如图 4-1-58 所示。

单击"倒角"按钮，弹出"倒角"属性管理器。按照图 4-1-1 中所标注倒角尺寸，选择 R22 圆柱面两边线为倒角边，在"倒角参数"中选择"角度距离"选项，分别输入距离值 2 及角度值 45 度。其他选项默认，创建倒角，如图 4-1-59 所示。

图 4-1-58 倒圆角

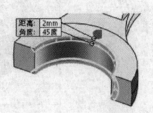
图 4-1-59 倒斜角

7. 保存文件

单击"保存"按钮 🖫，完成拨叉三维模型创建，结果如图 4-1-60 所示。

图 4-1-60 拨叉三维模型

重点串联

设计拨叉的关键步骤如图 4-1-61 所示。

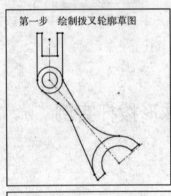

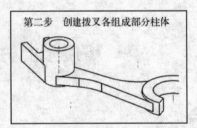

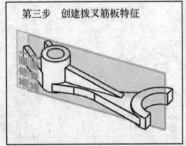

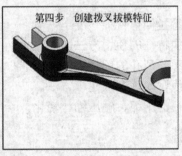

图 4-1-61 设计拨叉的关键步骤

图 4-1-61 设计拨叉的关键步骤（续）

练习

完成如图 4-1-62 所示连杆的三维建模。

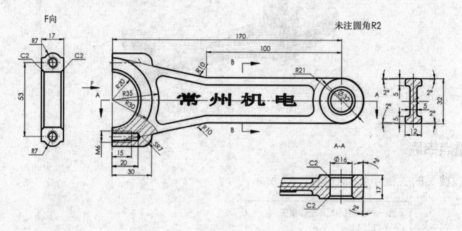

图 4-1-62 连杆

模块 4.2 球形拨杆实例

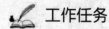 学习目标

1. 继续熟悉拉伸体特征。
2. 掌握镜像特征的使用方法。
3. 继续熟悉异型孔的创建方法。
4. 掌握曲线驱动阵列的建模方法。
5. 了解特征的压缩、解压缩、轻化。

工作任务

正确分析图 4-2-1 所示球形拨杆零件图，建立正确的建模思路，在 SolidWorks 软件的建模环境下，运用拉伸、旋转异型孔命令以及草图阵列等工具完成球形拨杆的三维建模。

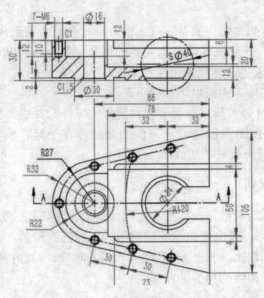

图 4-2-1 球形拨杆零件图

工作任务分析

球形拨杆是比较复杂的组合零件,包括拉伸和旋转两种基本建模手段。先运用"拉伸"和"旋转"命令创建球形拨杆的基本外形,再运用异形孔和草图驱动阵列创建上表面的一组螺纹孔,最后使用镜像特征命令创建中间的凹槽。

相关知识汇总

4.2.1 镜像

镜像是把现有的实体或特征沿平面镜像,使得镜像所得的特征与原始特征关于镜像基准面对称的方法,就像平面镜前的物体和镜子里的影像的关系一样,此种建模方法特别适合在对称零件中使用。镜像的对象可以是面、特征、整个实体零件。

单击工具条中"镜像"按钮 ,弹出"镜像"属性管理器,如图 4-2-2 所示。

该属性管理器中各选项说明如下。

1. 镜像面/基准面

在图形区域内选择用于镜像的实体或基准面。

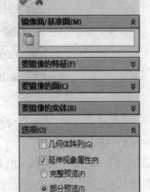

图 4-2-2 "镜像"属性管理器

2. 要镜像的特征

单击模型中的一个或几个特征,或在特征管理树中选择特征图标。

3. 要镜像的面

在图形区域中单击构成所要镜像的特征的面。

4. 要镜像的实体

可以单击图形区域中的任一几何体。

5. 选项

（1）几何体阵列：若想镜像多实体零件上的特征阵列，必须选择几何体阵列。

（2）延伸视象属性：若想镜像已镜像实体的视象属性（SolidWorks 的颜色、纹理和装饰螺纹数据延），必须选取"延伸视象属性"选项。

如果选择要镜像的实体，则可以增加以下选项。

- ◇ 合并实体：选择合并实体，原有零件和镜像的零件合并成为单一实体。
- ◇ 缝合曲面：缝合曲面将镜像曲面与源曲面缝合在一起，两曲面间必须无交叉或间隙，两曲面必须要有公共的边线。

4.2.2 曲线驱动阵列

曲线驱动阵列是特征沿着给定曲线按一定规律复制，使阵列式更加丰富多样。单击工具条中"曲线阵列"按钮，弹出"曲线驱动的阵列"属性管理器，如图 4-2-3 所示。该属性管理器中，与圆周阵列相比，只有方向 1（1）和方向 2（2）内容不同，其他选项不再细述，可以参阅项目 3 中圆周阵列相关的内容。

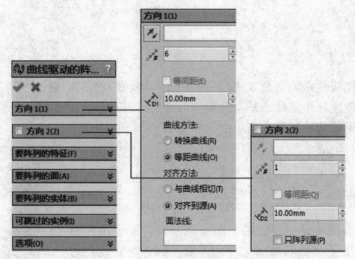

图 4-2-3 "曲线驱动的阵列"属性管理器

"曲线驱动的阵列"属性管理器中各选项功能说明如下。

1. 方向 1（1）

（1）阵列方向。选择一曲线、边线、草图实体或从 FeatureManager 管理树中选择一草图以确定阵列的路径。如有必要，单击"反向"按钮来改变阵列的方向。

（2）实例数。为阵列方向 1 的实例数设定一数值，此数值包括源特征本身。

（3）间距。沿曲线为阵列实例之间的距离设定一数值（在未选中"等间距"时可用），即沿阵列方向 1 相邻特征之间的曲线弧长。选中"等间距"时，"间距"选项为不可选，即沿阵列方向1等间距的阵列特征，特征数即为上述所输入的实例数。

（4）曲线方法。"曲线方法"选项组中有"转换曲线"和"等距曲线"两项。

- ◇ 转换曲线。从所选曲线原点到源特征的 Delta X 和 Delta Y 的距离均为每个实例所保留。
- ◇ 等距曲线。每个实例从所选曲线原点到源特征的垂直距离均得以保留。

（5）对齐方法。"对齐方法"选项组中有"与曲线相切"和"对齐到源"两项。
◇ 与曲线相切。每个阵列特征对齐方式与所选曲线相切，即阵列特征随曲线转动，转动的方向与曲线相切。
◇ 对齐到源。阵列特征与源特征平移对齐 阵列效果如图4-2-4所示。

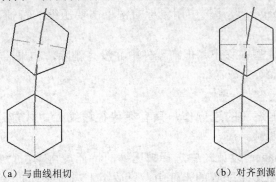

(a) 与曲线相切　　　　(b) 对齐到源

图4-2-4　曲线驱动阵列的两种对齐方式

（6）面法线（仅针对3D曲线）。选取 3D 曲线所处的面来生成曲线驱动的阵列。
针对3D曲线的曲线驱动阵列示例如图4-2-5所示。

2．方向2（2）

应先勾选方向2（2）。

（1）阵列方向 。选择一曲线、边线、草图实体或从 FeatureManager 管理树中选择一草图以确定阵列的路径。如有必要，单击"反向"按钮 来改变阵列的方向。

（2）实例数 。为阵列方向2的实例数设定一数值，该数值包括源特征本身。

（3）间距 。沿曲线为阵列实例之间的距离设定一数值（在未选中"等间距"时可用），即沿阵列方向 2 相邻特征之间的曲线弧长。选中"等间距"时，"间距"选项为不可选，即沿阵列方向2等间距的阵列特征，特征数即为上述所输入的实例数。

（4）只阵列源。只复制源阵列，这样将在方向 2 下生成一曲线阵列，但不复制方向 1 下所生成的曲线阵列。

在两个方向上的曲线驱动阵列示例如图4-2-6所示。

　　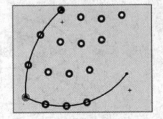

图4-2-5　3D曲线驱动阵列　　　图4-2-6　2D曲线驱动阵列

4.2.3　特征的压缩、解压缩、轻化

1．特征的压缩

特征的压缩可以使特征不显示在图形区域，可以避免可能参与的计算。在模型建立过程中，对于某些比较复杂的图形，适当压缩、轻化特征可以加快模型的重建速度。

当压缩一特征时，特征从模型中移除（但未删除）。特征从模型视图上消失并在

FeatureManager 设计树中显示为灰色。如果特征有子特征，那么子特征也会被压缩。压缩特征主要有以下两种方法：

（1）在 FeatureManager 设计树中选择特征，或在图形区域中选择特征的一个面。如要选择多个特征，请在选择的时候按住 Ctrl 键，再单击工具条中"压缩"按钮 。

（2）在 FeatureManager 设计树中用鼠标右键单击要压缩的特征，在弹出的快捷菜单中选择"压缩"命令 。

压缩后，特征将从模型中移出，但在零件中并没有删除，如果需要恢复特征，可以直接采用解除压缩的方法。

2．解除压缩

"解除压缩"是"压缩"的逆操作，只有在特征压缩后，才能进行解除压缩操作。同样，解除压缩方法也有两种：

（1）在 FeatureManager 设计树中选择被压缩的特征，再单击"特征"工具栏中的"解除压缩"按钮 （在带有多个配置的零件中，只适用于当前配置）。

（2）采用鼠标右键单击 FeatureManager 设计树中的某个特征，在弹出的快捷菜单中选择"解除压缩"命令 （在带有多个配置的零件中，只适用于当前配置）。如果所选特征为另一特征的子特征，则父特征也被解除压缩。

操作步骤

1．新建文档

启动 SolidWorks 2014，新建文档，选择进入"零件"模块，单击"保存"图标按钮 。在弹出的对话框中，保存路径取为 D：\SolidWorks\项目 4，文件名为"球形拨杆"，保存类型取"零件（*.prt,*.sldprt）"，单击"保存"按钮。

2．创建球形拨杆轮廓草图

选择绘图区左侧的 FeatureManager 设计树下的"FRONT"基准面，接着单击"草图"工具条中的"绘制草图"按钮 ，进入草图绘制环境。利用草图工具中的直线、圆工具，并给草图添加约束关系，使草图完全约束，结果如图 4-2-7 所示。

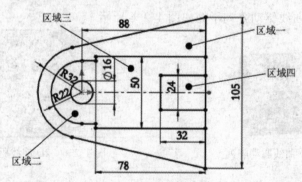

图 4-2-7　球形拨杆轮廓图

3．创建球形拨杆拉伸体部分

图 4-2-7 中球形拨杆轮廓图共有 4 个独立的封闭区域，然后分区域进行拉伸凸台和切除操作。

（1）创建球形拨杆外办轮廓。单击"特征"工具条中的"拉伸凸台/基体"命令按钮 ，创建球形拨杆外轮廓模型，在弹出的"拉伸凸台/基体"属性管理器中设置如下选项。

◇ 拉伸起始面：草图基准面。
◇ 拉伸终止面：给定深度，设置深度值 28。
◇ 拉伸方向：默认的草图面垂直方向。
◇ 拉伸草图轮廓：选择图 4-2-7 所示区域一、区域二、区域三。创建结果如图 4-2-8 所示。

在绘图区左侧 FeatureManager 设计树下会出现拉伸球形拨杆外轮廓的图标：凸台-拉伸1，同时草图轮廓在绘图区隐藏。

（2）创建方形凹槽。用鼠标单击拉伸体一图标前的"+"，会展开球形拨杆轮廓草图图标：凸台-拉伸1、草图1。选中该图标，在弹出的快捷菜单中选择"显示"命令，此时，球形拨杆轮廓草图又会在绘图区中显示。

选中拨叉轮廓草图，继续单击"特征"工具条中的"拉伸切除"命令按钮，创建方形凹槽。在弹出的"拉伸切除"属性管理器中设置如下选项。
◇ 拉伸起始面：草图基准面。
◇ 拉伸终止面：给定深度，设置深度值 20。
◇ 拉伸方向：默认的草图面垂直方向。
◇ 拉伸草图轮廓：选择图 4-2-7 所示区域三。

单击"确定"按钮，创建结果如图 4-2-9 所示。

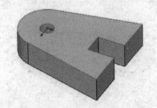
图 4-2-8 球形拨杆轮廓模型

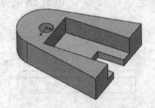
图 4-2-9 创建方形凹槽

（3）创建 U 形凹槽。继续选中拨叉轮廓草图，单击"特征"工具条中的"拉伸切除"命令按钮，创建 U 形凹槽。在弹出的"拉伸切除"属性管理器中设置如下选项。
◇ 拉伸起始面：草图基准面。
◇ 拉伸终止面：给定深度，设置深度值 12。
◇ 拉伸方向：默认的草图面垂直方向。
◇ 拉伸草图轮廓：选择图 4-2-7 所示区域二。单击"确定"按钮，创建结果如图 4-2-10 所示。

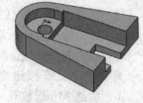
图 4-2-10 创建 U 形凹槽

4．创建球形缺口

（1）选择绘图区左侧的 FeatureManager 设计树下的"上视基准面"，接着单击"草图"工具条中的"绘制草图"按钮，进入草图绘制环境。利用草图工具中的直线、圆、修剪等工具，绘制球形缺口旋转截面草图，并给草图添加约束关系，使草图完全约束，结果如图 4-2-11 所示。

（2）继续单击"特征"工具条中的"旋转切除"命令按钮，系统会默认选择草图中唯一的中心线为"旋转轴"，以上述草图为旋转截面草图，给定旋转角度 360 度。单击"确定"按钮，创建球形缺口中，如图 4-2-12 所示。

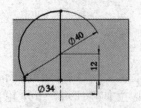 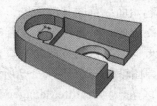

图 4-2-11　球形缺口旋转截面草图　　　图 4-2-12　球形缺口

5. 创建对称凹槽

（1）选择球形拨杆上表面，接着单击"草图"工具条中的"绘制草图"按钮，进入草图绘制环境。以上表面为草图平面，绘制对称凹槽草图，并添加约束关系，使之完全约束，如图 4-2-13 所示。

（2）单击"特征"工具条中的"拉伸切除"命令按钮，创建对称凹槽。在弹出的"拉伸切除"属性管理器中设置如下选项。

- ◇ 拉伸起始面：草图基准面。
- ◇ 拉伸终止面：给定深度，设置深度值 6。
- ◇ 拉伸方向：默认的草图面垂直方向。

单击"确定"按钮，创建结果如图 4-2-14 所示。

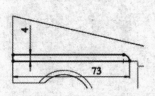 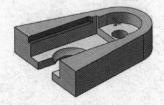

图 4-2-13　对称凹槽草图　　　图 4-2-14　对称凹槽

（3）单击"特征"工具条中的"镜像"按钮，在弹出的"镜像"属性管理器中设置如下选项。

- ◇ 镜像面/基准面（M）：上视基准面。
- ◇ 要镜像的特征：选择刚创建的对称凹槽。
- ◇ 其他选项默认。

单击"确定"按钮，完成镜像凹槽的创建，创建结果如图 4-2-15 所示。

6. 创建 M6 螺纹孔

（1）绘制螺纹孔定位草图。选择球形拨杆上表面，接着单击"草图"工具条中的"绘制草图"按钮，进入草图绘制环境。以上表面为草图平面，绘制螺纹孔定位草图，并添加约束关系，使之完全约束，如图 4-2-16 所示。所绘图线为构造线（中心线），图中所标注点即螺纹孔的定位，为下一步创建螺纹孔做准备。再次单击"绘制草图"按钮，退出草图环境。

（2）创建螺纹孔。单击"特征"工具条中"异型孔向导"按钮，在弹出的属性管理器中设置如下选项。

① "类型"选项卡中。

- ◇ 孔类型：直螺纹孔，GB，螺纹孔。
- ◇ 孔规格：M6。
- ◇ 终止条件：盲孔深度 12，螺纹线深度 10。

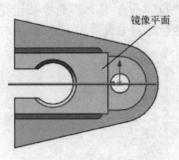
图 4-2-15 创建镜像特征

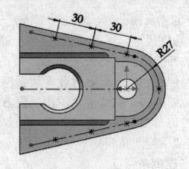
图 4-2-16 螺纹孔定位草图

◇ 选项：装饰螺纹线。

② "位置"选项卡。选择球形拨杆上端面，指定图 4-2-16 所示草图一个点为螺纹孔定位点，单击"确定"按钮 ✓，创建一个螺纹孔，如图 4-2-17 所示。

（3）创螺纹孔的阵列。单击"特征"工具条中"草图驱动的阵列"按钮，在弹出的属性管理器中设置如下选项。

◇ 选择（S）：选择上述螺纹孔定位草图。

◇ 参考点：重心。

◇ 要阵列的特征：M6 螺纹孔 1。

◇ 其他选项默认。

单击"确定"按钮 ✓，创建螺纹孔的草图驱动阵列，如图 4-2-18 所示。

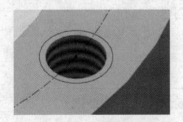
图 4-2-17 创建螺纹孔

图 4-2-18 螺纹孔的草图驱动阵列

7. 创建反面凸台

（1）绘制反面凸台草图。选择球形拨杆下表面，接着单击"草图"工具条中的"绘制草图"按钮，进入草图绘制环境。以上表面为草图平面，用鼠标左键单击球形拨杆下表面，再单击"草图"工具条中的"转换实体引用"按钮。这样就可以把模型上的边线转换成草图实体，保证模型边线和草图实体重合的几何关系，如图 4-2-19 所示。

单击草图工具中的直线、圆弧按钮，绘制另外一圆和圆弧，并修剪草图和约束草图，如图 4-2-20 所示。

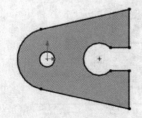
图 4-2-19 模型边线转换实体引用

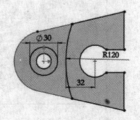
图 4-2-20 反面凸台草图

（2）创建反面凸台。单击"特征"工具条中的"拉伸凸台/基体"命令按钮，创建球形拨杆外轮廓模型。在弹出的"拉伸凸台/基体"属性管理器中设置如下选项。

◇ 拉伸起始面：草图基准面。
◇ 拉伸终止面：给定深度，设置深度值2。
◇ 拉伸方向：默认的草图面垂直方向。
◇ 拉伸草图轮廓：图4-2-20所示草图。

单击"确定"按钮，创建反面凸台，如图4-2-21所示。

8. 创建倒角特征

单击"特征"工具条中的"倒角"命令按钮，再选择上表面7个螺纹孔的孔口边线为倒角边线，设定倒角距离1、角度45°，其他选项默认，单击"确定"按钮，创建孔口倒角，如图4-2-22所示。

图4-2-21 创建反面凸台

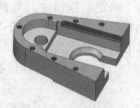
图4-2-22 倒斜角

9. 保存文件

单击"保存"按钮，完成球形拨杆三维模型创建。

重点串联

创建球形拨杆的关键步骤如图4-2-23所示。

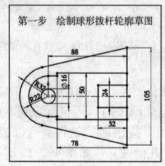

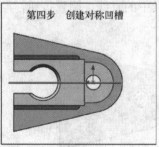

图4-2-23 创建球形拨杆的关键步骤

图 4-2-23 创建球形拨杆的关键步骤（续）

练习

根据图 4-2-24 所示图形完成旋转拉环的三维建模。

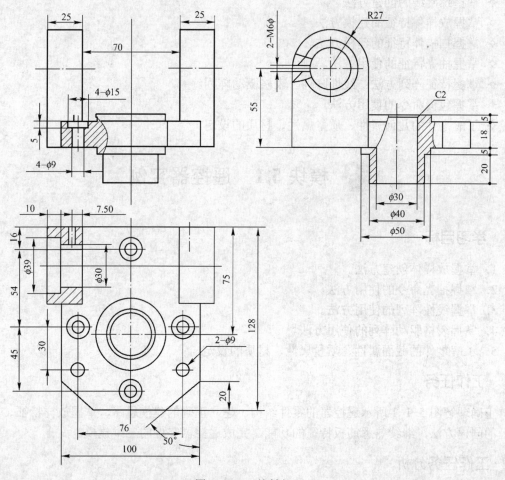

图 4-2-24 旋转拉环

项目 5 箱体类零件三维建模

 学习目的

掌握箱体类零件建模的一般规律，掌握复杂特征创建方法，了解零件的质量属性、几何属性测量方法。

 学习目标

- ✧ 掌握样条线的创建。
- ✧ 掌握螺旋线的创建方法。
- ✧ 掌握放样体特征的建模方法。
- ✧ 掌握扫描体特征的建模方法。
- ✧ 掌握抽壳特征的使用方法。
- ✧ 掌握特征阵列方法：线性阵列、表格驱动阵列。
- ✧ 掌握包覆命令的使用方法。
- ✧ 了解零件的几何属性、质量属性、材质的设定。

 模块 5.1 遥控器实例

 学习目标

1. 掌握放样体创建方法。
2. 掌握抽壳命令的使用方法。
3. 掌握线性阵列的使用方法。
4. 掌握表格驱动阵列的使用方法。
5. 了解零件的截面属性、质量属性、材质的设定。

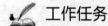 **工作任务**

正确理解图 5-1-1 所示遥控器的零件结构，建立正确的建模思路，掌握放样特征、抽壳特征的创建方法，继续熟悉筋板特征的功能，完成遥控器零件的三维建模。

工作任务分析

遥控器属于箱体类零件，零件形状复杂。遥控器由外壳、筋板特征、放样特征、按钮孔、卡口槽等组成。建模时，首先创建外壳实体，在外壳上创建放样切除，在四周倒圆角后，抽壳形成一厚度均匀一致的壳体，继续在壳体内腔创建加强筋，最后拉伸切除按钮孔。

项目 5　箱体类零件三维建模

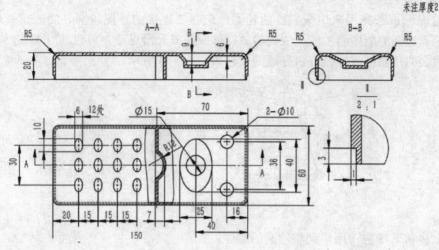

图 5-1-1　遥控器零件图

 相关知识汇总

5.1.1　放样体

通过在两个或多个草图轮廓之间进行过渡生成特征。放样体可以是两个或多个轮廓之间添加材质生成实体模型，也可以是通过移除材质来切除实体模型，还可以是生成一放样曲面。

* 注意：
◇ 轮廓可以是草图，也可以是其他特征面，甚至是一个点。
◇ 用点放样时，仅第一个或最后一个轮廓是点，也可以这两个轮廓都是点。
◇ 可以使用中心线或引导线参数或其他几何关系控制放样特征的中间轮廓。
◇ 放样还可以生成薄壁特征。

单击"特征"|"放样凸台/基体"按钮，弹出"放样"属性管理器，设置各选项参数，如图 5-1-2 所示。该属性管理器中各选项组功能说明如下。

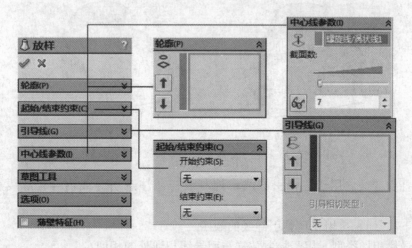

图 5-1-2　"放样"属性管理器

1. 轮廓（P）

（1）轮廓：选择用来生成放样的轮廓。选择要连接的草图轮廓、面、点或边线。放样体根据轮廓选择的顺序而生成。生成的放样体曲面需光滑过渡，可以通过调整对齐点的位置改善过渡面的扭曲程度。没有引导线的放样如图 5-1-3 所示。

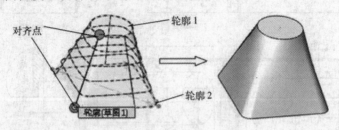

图 5-1-3 无引导线的放样

（2）上移和下移：用于调整轮廓的顺序。

2. 起始/结束约束（C）

应用约束以控制开始和结束轮廓与其他面的关系。

（1）无：没有应用相切约束。

（2）方向向量：根据作为方向向量的所选实体而应用相切约束。选择方向向量，然后设置拔模角度和起始或结束处相切长度。

（3）垂直于轮廓：应用垂直于开始或结束轮廓的相切约束。设置拔模角度和起始或结束处相切长度。

3. 引导线（G）

（1）引导线感应类型。用来控制引导线对放样的影响力。

◇ 到下一引线：在有多条引导线时，引导线 1 感应延伸到下一引导线 2。

◇ 到下一尖角：若轮廓边存在尖角，则只将引导线感应延伸到下一个尖角。

◇ 到下一边线：只将引导线感应延伸到下一边线。

◇ 整体：将引导线影响力延伸到整个放样。

不同引导线感应类型的放样特征比较如图 5-1-4 所示。

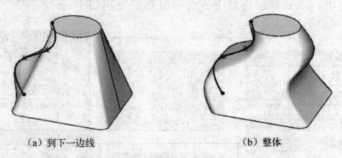

图 5-1-4 不同引导线感应类型的放样特征比较

（2）选择引导线。用于选择引导线来控制放样。注意引导线需与轮廓线有穿透的几何关系。

上移和下移：用于调整引导线的顺序

（3）引导线相切类型。用于控制放样与引导线相遇处的相切。

◇ 无：没应用相切约束。
◇ 垂直于轮廓：垂直于引导线的基准面应用相切约束。必须设定拔模角度。
◇ 方向向量：根据作为方向向量的所选实体而应用相切约束。选择方向向量，然后设置拔模角度

4．中心线参数（I）

（1）中心线 。使用中心线引导放样形状。首先要在图形区域中选择一草图，此草图中的中心线和引导线可同时存在。具有中心线的放样如图 5-1-5 所示。

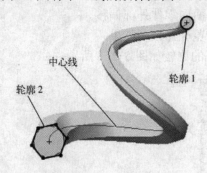

图 5-1-5 中心线放样

（2）截面数。在轮廓之间并绕中心线添加截面。可以移动滑杆来调整截面数。

5．草图工具

使用 SelectionManager 以帮助选取草图实体。

（1）拖动草图。当编辑放样特征时，可从任何已为放样定义了轮廓线的 3D 草图中拖动任何 3D 草图线段、点或基准面，3D 草图在拖动时更新。也可编辑 3D 草图以使用尺寸标注工具来标注轮廓线的尺寸。若想退出拖动模式，可以再次单击拖动草图或单击 PropertyManager 中的另一个截面列表。

（2）撤销拖动草图。撤销先前的草图拖动并将预览返回到其先前状态。可撤销多个拖动和尺寸编辑。

6．选项（O）

"选项"选项组下有以下两个选项。

（1）合并切面。如果对应的放样线段相切，则会使在所生成的放样中的对应曲面保持相切。保持相切的面可以是基准面、圆柱面或锥面。其他相邻的面被合并，截面被近似处理。草图圆弧可以转换为样条曲线。

（2）封闭放样。沿放样方向生成一闭合实体。此选项会自动连接最后一个和第一个草图。

7．薄壁特征

勾选以生成一薄壁放样，其内容和含义与"拉伸体"属性管理器中的"薄壁特征"一样，此处不再赘述。

5.1.2 抽壳

抽壳工具会掏空零件，除了所选择的面敞开，其余的面向面的法线方向偏移指定距离形成一个薄壁特征，这种建模方法一般适用箱体类零件的建模。薄壁特征可以是单一厚度零

件，也可以是多厚度零件，若没有选中模型中任何一表面，也可以生成一闭合的、掏空的模型。

单击"特征"|"抽壳"按钮 ，弹出"抽壳"属性管理器，如图 5-1-6 所示。该属性管理器中各选项组功能说明如下。

1. 参数（P）
- 厚度 ：用于设定表面偏移的距离。
- 移除的面 ：用于选择移除的表面。
- 壳厚朝外（勾选）：表面向零件外部偏移。
- 显示预览（勾选）：预览壳体模型结果。

壳体向外抽壳和向内抽壳的比较如图 5-1-7 所示。

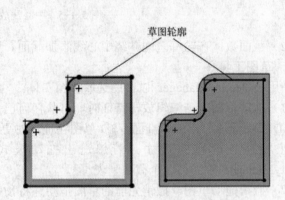

图 5-1-6 "抽壳"属性管理器　　　图 5-1-7 壳体向外和壳体向内的比较

2. 多厚度设定（M）
- 多厚度 ：用于设置指定面的厚度除默认厚度外。
- 多厚度面 ：指定多厚度表面。

多厚度抽壳效果如图 5-1-8 所示。

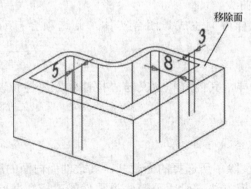

图 5-1-8 多厚度抽壳效果

5.1.3 线性阵列

特征的线性阵列也称特征的线性复制,是指特征、面或实体沿一条或两条直线路径以线性阵列的方式,生成一个或多个特征的多个实例。

单击"特征"|"线性阵列"按钮,弹出"线性阵列"属性管理器,如图 5-1-9 所示。

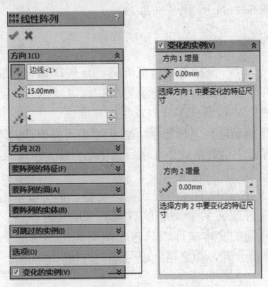

图 5-1-9 "线性阵列"属性管理器

因属性管理器中许多内容在项目 2 中已经介绍,这里只扼要地介绍线性阵列对话框中各选项的功能。

1. 方向 1 (1)

◇ 阵列方向 1:用于设定阵列方向 1,选择一线性边线、直线、轴或尺寸。如有必要,单击"反向"按钮 来反转变形方向。

◇ 间距:用于设定阵列实体间的距离。

◇ 实例数:用于设定沿阵列方向 1 阵列实体的数量。注意:此数量包括原有特征。

2. 方向 2 (2)

◇ 阵列方向 2:用于设定阵列方向 2,选择一线性边线、直线、轴或尺寸。如有必要,单击"反向"按钮 来反转变形方向。

◇ 间距:用于设定阵列实体间的距离。

◇ 实例数:用于设定沿阵列方向 2 阵列实体的数量。注意:此数量包括原有特征。

◇ 只阵列源(勾选):只使用源特征而不复制方向 1 的阵列实例在方向 2 中生成线性阵列。阵列方向 1 与阵列方向 2 可垂直也可不垂直。双向阵列特征效果如图 5-1-10 所示。

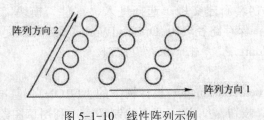

图 5-1-10 线性阵列示例

3. 变化的实例

◆ 方向 1 增量：在阵列方向 1，表示阵列实例间距递增指定的距离。

◆ 方向 2 增量：在阵列方向 1，表示阵列实例间距递增指定的距离。

变化的实例阵列如图 5-1-11 所示。

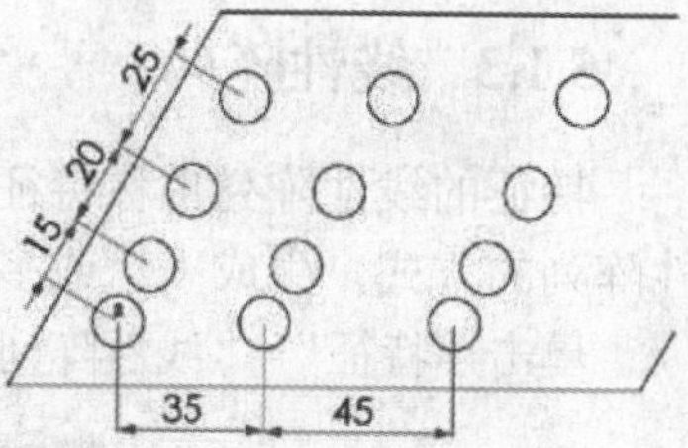

5.1.4 表格驱动阵列

图 5-1-11 变化的实例阵列

表格驱动阵列是使用 X-Y 坐标指定特征阵列，还可以保存和装入特征阵列的 X-Y 坐标，并将其应用到新零件。表格驱动阵列特征需要在指定坐标系下创建，此坐标系的原点成为表格阵列的原点，X 轴和 Y 轴定义了阵列发生的基准面。

单击"特征"|"表格驱动阵列"按钮，弹出"由表格驱动的阵列"属性管理器，如图 5-1-12 所示。该属性管理器中有许多选项在项目 2 中已介绍，所以只摘要介绍部分内容。

1. 读取文件

可以在这里输入带 X-Y 坐标的阵列表或文字文件，也可以单击"浏览"按钮，然后选择一阵列表（*.sldptab）文件或文字（*.txt）文件来输入现有的 X-Y 坐标。

用于由表格驱动的阵列的文本文件应只包含两个列：左列用于 X 坐标，右列用于 Y 坐标。两个列应由一分隔符分开，如空格、逗号或制表符。

2. 参考点

该选项组用于指定在放置阵列实例时 X-Y 坐标所适用的点。参考点的 X-Y 坐标在阵列表中显示为点 0。

◆ 所选点：对于每一个阵列实例，所选的源特征某一点位于表格中指定的 X-Y 坐标处。

◆ 重心：将参考点设定到源特征的重心。

3. 坐标系

用于设定用来生成表格阵列的坐标系，包括原点。从 FeatureManager 设计树选择所生成的坐标系。表格中所示点坐标依赖于该坐标系。

4. 表格

使用 X-Y 坐标为阵列实例生成位置点。双击 点 0 下的区域，以便为表格阵列的每个实例输入 X-Y 坐标。参考点的 X-Y 坐标在表格第一行 0 处显示。可以单击属性管理器中的"保存"按钮，将表格保存。保存的文件格式是：*.sldptab。图 5-1-12 中所示表格数据创建的阵列特征如图 5-1-13 所示。

操作步骤

1. 新建文档

启动 SolidWorks 2014，新建文档，选择进入"零件"模块，单击"保存"图标按钮；在弹出的对话框中，保存路径取为 D:\SolidWorks\项目 5，文件名为"遥控器"，保存类型取"零件（*.prt,*.sldprt）"，单击"保存"按钮。

2. 创建长方形外壳

选择绘图区左侧的 FeatureManager 设计树下的"FRONT"基准面，接着单击"草图"工具条中的"绘制草图"按钮，进入草图绘制环境。利用草图绘制工具和草图约束工具绘制草图，如图 5-1-14 所示，绘制过程不再详细叙述。

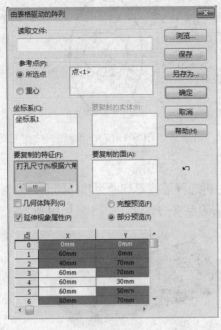

图 5-1-12 "由表格驱动的阵列"属性管理器

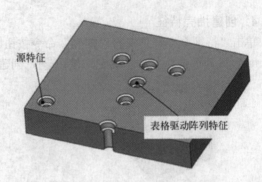

图 5-1-13 表格驱动阵列特征示例

单击"特征"工具条中的"拉伸凸台/基体"命令按钮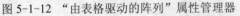，拉伸该草图，拉伸深度为 20。

继续单击"特征"工具条中的"圆角"命令按钮，选择长方体上表面的轮廓线为倒角边线，输入圆角半径 R5，创建长方体外形如图 5-1-15 所示。

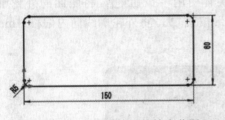

图 5-1-14 遥控器外轮廓草图

图 5-1-15 遥控器外轮廓模型

3．创建放样凹腔

（1）单击长方面体上表面，进入草图绘制环境，绘制一椭圆，如图 5-1-16 所示。单击"退出草图"按钮，退出草图环境。

（2）单击"特征"工具条中的"基准面"命令按钮，选择顶平面为"第一参考"，在顶平面下创建一基准面，与顶平面平行且相距 6mm。

（3）选择新创建的基准面，在该基准面上绘制一圆，如图 5-1-17 所示。

（4）单击"特征"工具条中的"放样切除"命令按钮，选择上述两草图为放样轮廓，注意对齐点的位置，保证放样特征光滑过渡。其他选项默认，单击"确定"按钮，完成放样特征的创建，如图 5-1-18 所示。

（5）选择图 5-1-17 中圆草图，再单击"特征"工具条中的"拉伸切除"命令按钮，设置拉伸深度为 3mm，切除一 3 毫米深的圆腔，如图 5-1-18 所示。

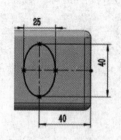 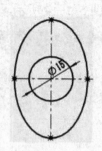

图 5-1-16　绘制椭圆　　　　　　　　图 5-1-17　绘制圆

4．创建抽壳特征

单击"特征"工具条中的"抽壳"命令按钮 ▦，再选择遥控器底面为移除的面，抽壳厚度为 2mm，壳厚朝内，单击"确定"按钮 ✓，创建一均匀厚度的壳体，如图 5-1-19 所示。

 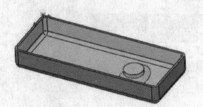

图 5-1-18　放样切除　　　　　　　　图 5-1-19　创建壳体

5．创建外围卡口槽

选择遥控器底平面，再单击"绘制草图"按钮 ▱，进入草图绘制环境。再确认已选择底平面后，单击"草图"工具条中的"转换实体引用"按钮 ▱，将底面的外轮廓线投影在草图上。再次选择底平面，单击"等距实体"按钮 ▱，将外轮廓线向内偏移 1mm，如图 5-1-20 所示。

图 5-1-20　绘制卡口槽草图

继续单击"特征"工具条中的"拉伸切除"命令按钮 ▦，拉伸上述草图，切出外围卡口槽，深度为 3mm，如图 5-1-21 所示。

6．创建筋板

选择遥控器底平面，再单击"绘制草图"按钮 ▱，进入草图绘制环境，在底平面上绘制如图 5-1-22 所示的草图曲线。注意约束两侧线段等长。

单击"特征"工具条中的"筋"命令按钮 ▦，在弹出的"筋"属性管理器中选择"两侧对称厚度" ▦，厚度为 2mm，拉伸方向为"垂直于草图" ▱，指向壳体内部。其他选项默认，单击"确定"按钮后，创建盘板特征，如图 5-1-23 所示。

图 5-1-21 创建卡口槽

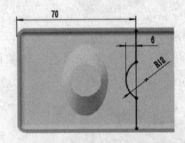

图 5-1-22 绘制筋板草图

图 5-1-23 创建筋板

7. 创建按钮孔

（1）选择遥控器顶平面，再单击"绘制草图"按钮，进入草图绘制环境，在顶平面上绘制如图 5-1-24 所示的草图曲线。

（2）单击"特征"工具条中的"拉伸切除"命令按钮，在弹出的对话框中，在"所选轮廓"这一项选择图 5-1-24 中的椭圆，从草图所在位置开始，拉伸切除一椭圆孔。采用同样方法，拉伸切除另一圆柱孔，形成两个切除特征，如图 5-1-25 所示。

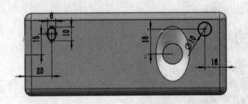

图 5-1-24 绘制按钮草图

图 5-1-25 创建按钮孔

（3）单击"特征"工具条中的"线性阵列"命令按钮，在弹出的属性管理器中，输入如下参数。

①"方向 1（1）"选项组中：

- 阵列方向 1：边线 1。
- 间距：15。
- 实例数：3。

②"方向 2（2）"选项组中：

- 阵列方向 2：边线 2。
- 间距：15。
- 实例数：4。

③ 要阵列的特征：椭圆孔。

阵列结果如图 5-1-26 所示。

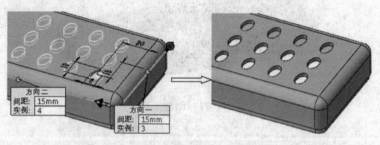

图 5-1-26　椭圆孔的线性阵列

（4）单击"特征"工具条中的"镜向"命令按钮🪞，以"上视基准面"为镜像平面，镜像特征选择圆柱孔，镜像另一个圆柱，如图 5-1-27 所示。

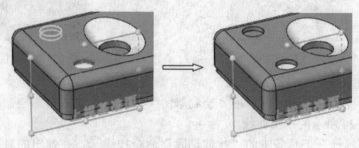

图 5-1-27　镜像圆柱孔

至此，完成遥控器三维模型创建，如图 5-1-28 所示。

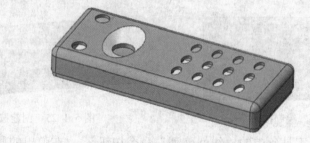

图 5-1-28　遥控器三维模型

8．测量遥控器的几何属性

（1）创建新坐标系。单击"参考几何体"工具条上的"点"按钮✳，在弹出的属性管理器中选择"圆弧中心"选项。接着在绘图区单击筋板圆弧的边线，单击"确定"按钮后，在圆弧中心创建一参考点，作为下一步参考坐标系的原点。

单击"参考几何体"工具条上的"坐标系"按钮，弹出"坐标系"属性管理器，如图 5-1-29 所示。选择刚创建的参考点为坐标系原点，筋板一边线为 X 轴方向，创建一新坐标系，如图 5-1-30 所示。

（2）添加材质。选择绘图区左侧的 FeatureManager 设计树下的 材质 <未指定>，单击鼠标右键弹出快捷菜单，在弹出的快捷菜单中选择 编辑材料(A)，打开"材料"对话框，如图 5-1-31 所示。

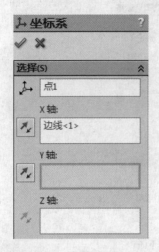

图 5-1-29 "坐标系"属性管理器　　　　图 5-1-30 创建新坐标系

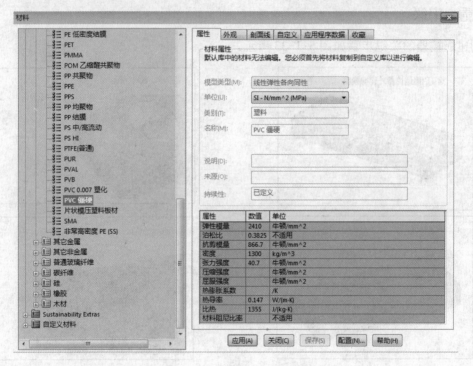

图 5-1-31 "材料"对话框

在该对话框左侧可选择各种材料，右侧则显示该材料的各种物理属性。单击"应用"按钮后可附于遥控器 PVC 塑料材质。在 FeatureManager 设计树下有显示。

（3）测量质量属性。在绘图区右上角，选择"评估"选项卡，显示"评估"选项下的菜单命令，单击"质量属性"按钮，弹出"质量属性"对话框，如图 5-1-32 所示。在该对话框中显示遥控器的密度、质量、体积、表面积等各种质量属性，选择不同的坐标系，可看到遥控器的重心、惯性主轴和惯性主力矩随之改变。

9. 保存文件

单击"保存"按钮，完成遥控器三维模型创建。

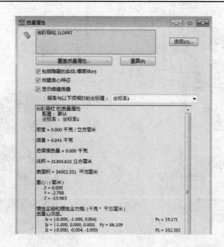

图 5-1-32 "质量属性"对话框

重点串联

创建遥控器的关键步骤如图 5-1-33 所示。

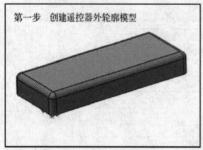

第一步 创建遥控器外轮廓模型

第二步 放样切除

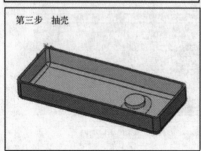

第三步 抽壳

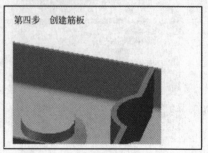

第四步 创建筋板

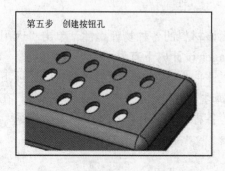

第五步 创建按钮孔

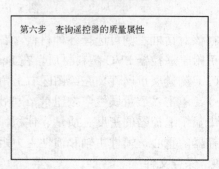

第六步 查询遥控器的质量属性

图 5-1-33 创建遥控器的关键步骤

练习

1. 根据图 5-1-34 所示图形创建沙发模型的三维模型。

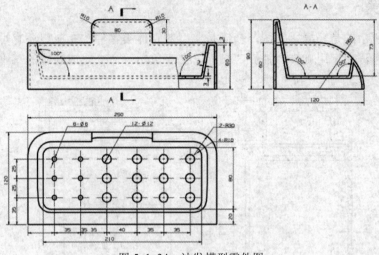

图 5-1-34　沙发模型零件图

2. 根据图 5-1-35 所示图形创建礼帽三维模型。

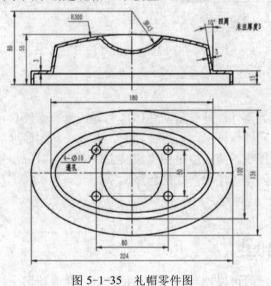

图 5-1-35　礼帽零件图

模块 5.2　中药瓶实例

学习目标

1. 掌握螺旋线/涡状线创建方法。
2. 掌握扫描特征使用方法。

3．继续熟悉抽壳命令。
4．掌握包覆命令使用方法。
5．掌握样条线创建方法。

工作任务

图 5-2-1 所示的是药罐零件图，药罐是典型的壳体类零件。在瓶口还有螺纹，在药罐外表面还有文字包覆，运用旋转、抽壳、扫描、文字包覆等命令完成药罐的三维建模。

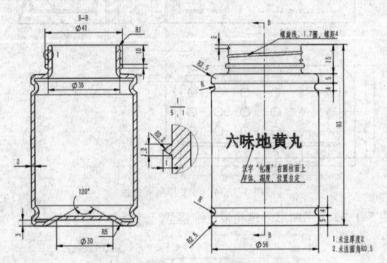

图 5-2-1　药罐零件图

工作任务分析

药罐是典型的壳体类零件，外形是回转体，另外还附有螺纹、包覆文字、放样特征等内容。建模时，首先创建回转体外形，再进行抽壳，形成一均匀厚度的壳体。螺纹建模分三步进行，第一步是创建螺旋线，第二步是扫描螺纹主体部分，第三步是螺纹收尾部分的放样特征。最后在罐体外表面创建"浮雕"式的包覆文字。

相关知识汇总

5.2.1　螺旋线/涡状线

螺旋线和涡状线曲线，可以被当成一个路径或引导曲线使用于扫描的特征，或作为放样特征的引导曲线，常常被用来创建各种类型的弹簧和螺纹。

单击"曲线"工具条中的"螺旋线/涡状线"按钮 ，弹出"螺旋线/涡状线"属性管理器，如图 5-2-2 所示。

注意：在插入螺旋线/涡状线之前，首先要打开一草图并绘制一个圆，螺旋线和涡状线都从此圆开始生成。

螺纹线有恒定螺距螺旋线、可变螺距螺旋线两种形式，每一种螺旋线又有 3 种定义方式：螺距和圈数、高度和圈数、高度和螺距。但是可以把它们换算成一类进行设计计算，因此，这里只介绍三种不同的曲线创建方法：恒定螺距螺旋线、可变螺距螺旋线、涡状线。

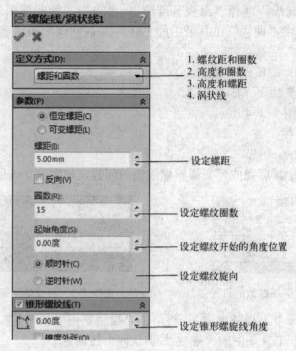

图 5-2-2 "螺旋线/涡状线"属性管理器

(1) 恒定螺距螺旋线。选择"上视基准面",再单击"绘制草图"按钮,绘制一个 $\phi 40mm$ 的圆;继续单击"曲线"工具条中的"螺旋线/涡状线"按钮,在弹出的属性管理器中设置如下选项。

- ✧ 定义方式(D):螺纹距和圈数。
- ✧ 参数(P):恒定螺距(C)(勾选)。
- ✧ 螺距:10mm。
- ✧ 圈数:10。
- ✧ 起始角度:45度。
- ✧ 顺时针(勾选)。
- ✧ 锥形螺纹线(T)(可选):15度。

单击"确定"按钮后完成恒定螺距螺纹线的创建,如图 5-2-3 所示。

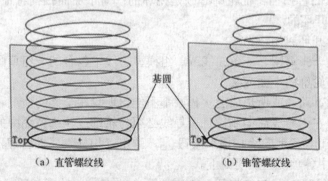

(a) 直管螺纹线　　　　　(b) 锥管螺纹线

图 5-2-3　恒定螺距螺纹线

（2）可变螺距螺旋线。选择"上视基准面"，再单击"绘制草图"按钮，绘制一个 $\phi 40mm$ 的圆。继续单击"曲线"工具条中的"螺旋线/涡状线"按钮，在弹出的属性管理器中设置如下选项。

- ◇ 定义方式（D）：螺纹距和圈数。
- ◇ 参数（P）：可变螺距（L）（勾选）。
- ◇ 区域参数：如图 5-2-4 所示。
- ◇ 起始角度：45 度。
- ◇ 顺时针：（勾选）。

单击"确定"按钮 后完成可变螺距螺纹线的创建，如图 5-2-5 所示。

图 5-2-4 区域参数的设置　　图 5-2-5 可变螺距螺纹线

（3）涡状线。选择"上视基准面"，再单击"绘制草图"按钮，绘制一个 $\phi 40mm$ 的圆；继续单击"曲线"工具条中的"螺旋线/涡状线"按钮，在弹出的属性管理器中设置如下选项：

- ◇ 定义方式（D）：涡状线。
- ◇ 螺距：20mm。
- ◇ 圈数：5。
- ◇ 起始角度：90 度。
- ◇ 逆时针：（勾选）。

单击"确定"按钮 后完成涡状线的创建，如图 5-2-6 所示。

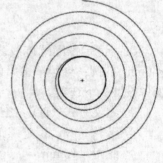

图 5-2-6 涡状线

5.2.2 扫描特征

扫描是基本建模方法之一，通过沿着一条路径移动轮廓（截面）来生成基体、凸台、截面或曲面。它必须遵循以下规则：

- ◇ 对于基体或凸台扫描特征轮廓必须是闭环的；对于曲面扫描特征则轮廓可以是闭环的也可以是开环的。
- ◇ 路径可以为开环或闭环。
- ◇ 路径可以是一张草图、一条曲线或一组模型边线中包含的一组草图曲线。
- ◇ 路径必须与轮廓的平面交叉。
- ◇ 不论是截面、路径或所形成的实体，都不能出现自相交叉的情况。
- ◇ 轮廓线必须在引导线后绘制，且引导线必须与轮廓或轮廓草图中的点重合。

单击"特征"工具条上的"扫描"按钮，弹出"扫描"属性管理器，如图 5-2-7 所示。该属性管理器中各项功能说明如下。

（1）轮廓和路径（P）。扫描特征至少需要两个要素——轮廓和路径，才能生成一个最简单的扫描特征，如图 5-2-8 所示。

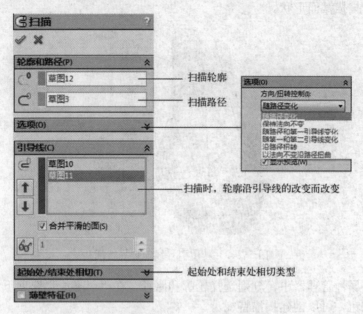

图 5-2-7 "扫描"属性管理器

(2) 选项（O）。该选项组中有如下选项。

方向扭转控制：控制轮廓草图在扫描时的方向。

◇ 随路径变化：截面相对于路径仍时刻处于同一角度，如图 5-2-8（a）所示。

◇ 保持法向不变：截面时刻与开始截面平行，如图 5-2-8（b）所示。

◇ 随路径和第一引导线变化：中间截面的扭转由路径到第一条引导线的向量决定。在所有中间截面的草图基准面中，该向量与水平方向之间的角度保持不变。

◇ 随第一和第二引导线变化：中间截面的扭转由第一条到第二条引导线的向量决定。在所有中间截面的草图基准面中，该向量与水平方向之间的角度保持不变。

◇ 沿路径扭转：沿路径扭转截面，在"定义方式"下按度数、弧度或旋转定义扭转，如图 5-2-8（c）所示。

◇ 以法向不变沿路径扭曲：截面在沿路径扭曲时保持与开始截面平行，如图 5-2-8（d）所示。

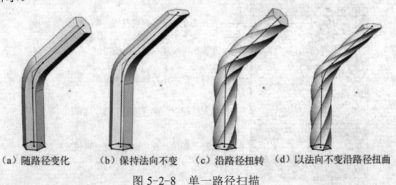

（a）随路径变化　（b）保持法向不变　（c）沿路径扭转　（d）以法向不变沿路径扭曲

图 5-2-8 单一路径扫描

(3) 引导线。轮廓曲线在扫描的过程中变化时，必须使用引导线，引导线和路径必须不在同一草图内，路径决定扫描特征的长度，而引导线控制了截面外形。如图 5-2-9 所示，两条引导线改变了扫描截面形状。

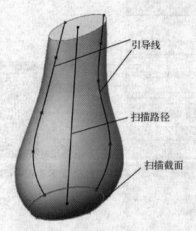

图 5-2-9　使用引导线的扫描特征

在"扫描"属性管理器中，分别选择轮廓和路径，在"引导线"选项下选择两引导线，单击"确定"按钮，可以创建扫描特征。

（4）起始处/结束处相切（T）。该选项组下有以下两个选项。
- ◇ 无：没应用相切。
- ◇ 路径相切：垂直于开始点路径而生成扫描。

（5）薄壁特征。针对实体扫描特征，生成一薄壁特征，内容与拉伸、旋转特征一致，此处不再细述。

5.2.3　包覆特征

包覆特征将草图包覆到平面或曲面上，要包覆的草图只可包含多个闭合轮廓，不能从包含任何开环轮廓的草图生成包覆特征，包覆特征支持轮廓选择和草图重用。

首先在绘图区创建一个带曲面的实体和一个包含封闭曲线的草图，此时"特征"工具条上的"包覆"按钮 激活，单击该按钮，弹出"包覆"属性管理器，如图 5-2-10 所示。

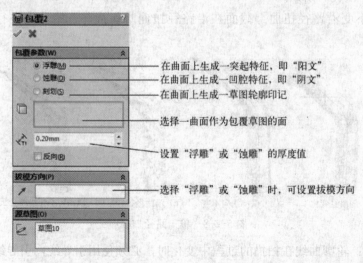

图 5-2-10　"包覆"属性管理器

分别选择包覆特征的3种类型,可得到相应的包覆特征,如图 5-2-11 至图 5-2-13 所示。

图 5-2-11 浮雕

图 5-2-12 蚀雕

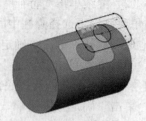
图 5-2-13 刻划

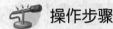 操作步骤

1. 新建文档

启动 SolidWorks 2014,新建文档,选择进入"零件"模块,单击"保存"图标按钮；在弹出的对话框中,保存路径取为 D:\SolidWorks\项目 5,文件名为"中药瓶",保存类型取"零件(*.prt,*.sldprt)",单击"保存"按钮。

2. 绘制药瓶外轮廓草图

选择绘图区左侧的 FeatureManager 设计树下的"FRONT"基准面,接着单击"草图"工具条中的"绘制草图"按钮 ,进入草图绘制环境。利用草图绘制工具和草图约束工具绘制草图,如图 5-2-14 所示,绘制过程不再详细叙述。

图 5-2-14 中的实体线是药瓶旋转截面草图,中心线是旋转轴线。

3. 创建药瓶外模型

单击"特征"工具条中的"旋转凸台/基体"命令按钮 ,系统会默认选择草图中唯一的中心线为"旋转轴",以上述草图为旋转截面草图,给定旋转角度 360 度。单击"确定"按钮 ,创建药瓶外模型,如图 5-2-15 所示。

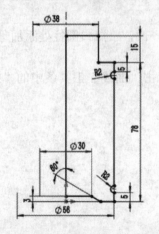
图 5-2-14 药瓶外轮廓草图

图 5-2-15 药瓶外模型

4. 倒圆角

(1)单击"特征"工具条中的"圆角"命令按钮 ,弹出"圆角"属性管理器。在"圆角项目"下选择圆柱上下两面轮廓边线,在"圆角参数"下输入圆角半径 R2.5,其他选项

默认。单击"确定"按钮✔,创建圆角模型 1。

(2)继续单击"特征"工具条中的"圆角"命令按钮⬜,弹出"圆角"属性管理器。在"圆角项目"下选择圆柱中间两凹槽 4 条轮廓边线,在"圆角参数"下输入圆角半径 R0.5,其他选项默认。单击"确定"按钮✔,创建圆角模型 2。

(3)继续单击"特征"工具条中的"圆角"命令按钮⬜,弹出"圆角"属性管理器。在"圆角项目"下选择药瓶底部轮廓边线,在"圆角参数"下输入圆角半径 R5,其他选项默认。单击"确定"按钮✔,创建圆角模型 3。结果如图 5-2-16 所示。

5. 抽壳

单击"特征"工具条中的"抽壳"命令按钮⬜,再选择药瓶端口面为移除的面,抽壳厚度为 2mm,壳厚朝内,单击"确定"按钮✔,创建一均匀厚度的壳体,如图 5-2-17 所示。

图 5-2-16 倒圆角

图 5-2-17 抽壳

6. 螺纹

(1)新建基准面。单击"参考几何体"工具条中的"基准面"按钮⬜,弹出"基准面"属性管理器。选择药瓶上端面为"第一参考",输入偏移距离 2mm,在瓶口下创建一基准面 1,如图 5-2-18 所示。

选择新建的基准面 1,进入草图绘制环境,绘制一圆,于瓶口圆柱处添加"全等"几何关系,如图 5-2-18 所示。

(2)创建螺纹线。选中刚刚所创建的圆柱,再单击"曲线"工具条中的"螺旋线/涡状线"按钮⬜,在弹出的属性管理器中,设置如下选项。

◇ 定义方式(D):螺纹距和圈数。

◇ 恒定螺距:勾选。

◇ 螺距:4mm。

◇ 圈数:1.5。

◇ 起始角度:0 度。

◇ 顺时针:勾选。

单击"确定"按钮✔,创建螺纹线。

(3)绘制螺纹扫描截面。选择绘图区左侧的 FeatureManager 设计树下的"RIGHT"基准面,接着单击"草图"工具条中的"绘制草图"按钮⬜,进入草图绘制环境。利用草图绘制工具和草图约束工具绘制草图,如图 5-2-19 所示,添加三角形中点与螺旋线"穿透"的几何关系。绘制过程不再详细叙述。

 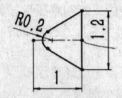

图 5-2-18 新建基准面　　　　图 5-2-19 螺纹扫描截面草图

（4）创建螺纹主体。单击"特征"工具条上的"扫描"按钮，在弹出的"扫描"属性管理器中，激活"轮廓"选择框，再选择上述三角形截面草图，然后激活"路径"选择框，选择上述螺纹线。单击"确定"按钮，创建螺纹主体部分，与药瓶合并，如图 5-2-20 所示。

图 5-2-20 螺纹主体部分

（5）创建螺纹收尾部分。

① 选择新建的基准面 1，进入草图绘制环境，绘制一圆，于瓶口圆柱处添加"全等"几何关系，再单击"曲线"工具条中的"螺旋线/涡状线"按钮，在弹出的属性管理器中，设置如下选项。

◇ 定义方式（D）：螺纹距和圈数
◇ 恒定螺距：勾选。
◇ 螺距：4mm。
◇ 圈数：0.05。
◇ 起始角度：0 度。
◇ 逆时针：勾选。

单击"确定"按钮，顺着原先的螺纹线创建一短螺纹线作为下一个放样特征的中心线。

② 单击"草图"工具条中的"3D 草图"按钮，进入 3D 草图绘制环境。在 3D 草图环境下绘制任意点，并添加该点与短螺纹线端点重合，如图 5-2-21 所示。再次单击"草图"工具条中的"3D 草图"按钮，退出 3D 草图。

③ 单击"特征"工具条中的"放样凸台/基体"按钮，弹出"放样"属性管理器，在"轮廓"选项框中，选择螺纹主体的三角形端面和 3D 草图点为放样轮廓，在"中心线"选项框中选择短螺纹线。其他选项默认，单击"确定"按钮，创建螺纹收尾部分如图 5-2-22 所示。

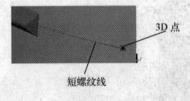 

图 5-2-21 3D 点　　　　图 5-2-22 螺纹收尾放样

采用同样办法创建螺纹主体的另一收尾部分。

7．包覆文字

（1）选择绘图区左侧的 FeatureManager 设计树下的"RIGHT"基准面，接着单击"草图"工具条中的"绘制草图"按钮，进入草图绘制环境。单击"草图文字"按钮，书写文字"六味地黄丸"，设置字高7mm，字体为"汉仪长仿宋字"，其他选项默认，位置自定。

（2）单击"特征"工具条中的"包覆"按钮，在弹出的"包覆"属性管理器中选择"浮雕"，包覆草图的面选择药瓶外圆柱面，厚度 0.2mm，源草图选择上述草图。单击"确定"按钮后，将文字包覆在药瓶外表面，如图 5-2-23 所示。

图 5-2-23 包覆文字

8．创建螺纹终止环

（1）选择药瓶顶平面，接着单击"草图"工具条中的"绘制草图"按钮，进入草图绘制环境。确认激活顶平面，然后单击"草图"工具条中的"转换实体引用"按钮，把瓶口外轮廓圆转换到草图上。

（2）单击"特征"工具条中的"拉伸凸台/基体"按钮，在弹出的属性管理器中设置如下选项。

◇ 拉伸起始面：从草图基准面等距 10mm。
◇ 方向 1 终止条件：给定深度 2mm。
◇ 薄壁特征：单向 1.5mm。

其他选项默认，单击"确定"按钮后，创建螺纹终止环，如图 5-2-24 所示。

图 5-2-24 螺纹终止环

（3）单击"特征"工具条中的"圆角"按钮，选择瓶口两圆形边线为倒圆角边线，圆角半径 R1，创建瓶口边缘的圆角。

9．保存文件

单击"保存"按钮，完成中药瓶的三维模型创建，整体效果如图 5-2-25 所示。

图 5-2-25 中药瓶效果图

重点串联

创建中药瓶的关键步骤如图 5-2-26 所示。

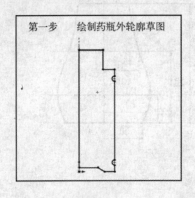

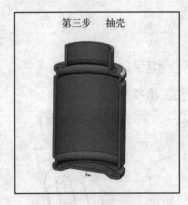

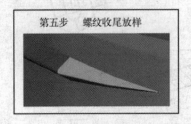
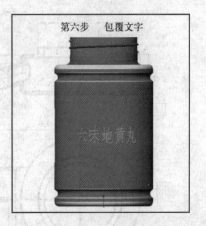

图 5-2-26 创建中药瓶的关键步骤

练习

1. 根据图 5-2-27 所示的异形杯零件图,创建其三维模型。

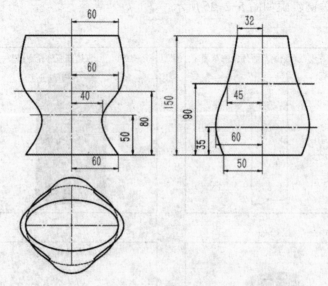

图 5-2-27 异形杯零件图

2. 根据图 5-2-28 所示图形,创建排气管接头三维模型。

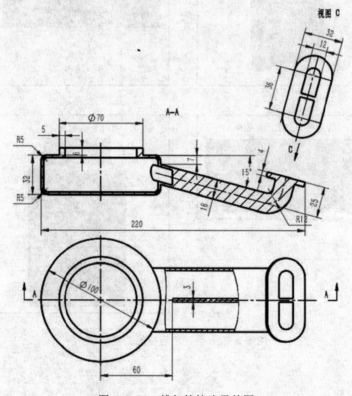

图 5-2-28 排气管接头零件图

项目6 钣金设计

 学习目的

本项目向读者介绍钣金零件的设计方法和应用思路,利用典型案例介绍总结了钣金零件几种设计思路的具体步骤。

 学习目标

- 掌握基体法兰、边线法兰、斜接法兰创建方法。
- 掌握褶边创建方法。
- 掌握斜绘制折弯创建方法。
- 掌握转折创建方法。
- 掌握切除折弯创建方法。
- 掌握实体操作方法:切除、圆角、倒角。
- 掌握折弯和展开的操作方法。
- 掌握通风口创建方法。
- 掌握成形工具创建方法及应用。
- 掌握钣金角撑板创建方法。

模块 6.1 机罩建模

 工作任务

正确理解如图 6-1-1 所示的机罩零件图,根据钣金件的建模规律,运用基体法兰、边线法兰、斜接法兰、拉伸切除、折弯、展开等建模方法,完成钣金件机罩的三维建模。

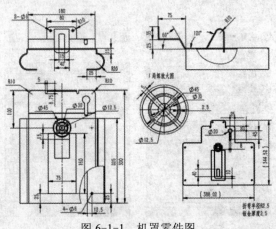

图 6-1-1 机罩零件图

工作任务分析

机罩零件是典型的钣金零件，它的成形是以金属板为原料，通过折、弯、冲、压等工艺实现的。其三维建模总是从基体法兰开始，根据钣金特点再添加边线法兰、斜接法兰等特征。机罩零件中的特征包括了基体法兰、边线法兰、斜接法兰、折弯、拉伸切除、折弯等。具体的建模步骤如图 6-1-2 所示。

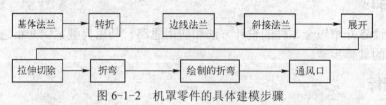

图 6-1-2　机罩零件的具体建模步骤

 相关知识汇总

SolidWorks 提供了顶尖的、全相关的钣金设计能力。在 SolidWorks 中直接使用各种类型的法兰、薄片等特征，正交切除、角处理以及边线切口等钣金处理就会变得非常容易。在 SolidWorks 中可以直接按比例放样折弯、圆锥折弯以及复杂的平板型式的处理。钣金设计的方法与零件设计完全一样，用户界面和环境也相同，而且它还支持在装配环境下进行关联设计，自动添加与其他零件的关联关系，修改其中一个钣金零件的尺寸，其他与之相关联的钣金零件自动更改。由于篇幅的原因，下面仅介绍一部分钣金特征的内容。

6.1.1　基体法兰

基体法兰特征是新建钣金零件的第一个特征，该特征被添加到 SolidWorks 零件后，系统就会将该零件标记为钣金零件，折弯也会被添加到适当位置。创建基体法兰步骤如下：

（1）选择绘图区左侧的 FeatureManager 设计树下的 "FRONT" 基准面，接着单击 "草图" 工具条中的 "绘制草图" 按钮 ，进入草图绘制环境。绘制一草图，该草图可以是单一开环、单一闭环或多重封闭轮廓的草图。

（2）单击 "钣金" 工具栏中的 "基体法兰" 按钮 ，弹出 "基体法兰/薄片" 属性管理器，如图 6-1-3 所示。因不同的草图，属性管理器会有所不同，如果是单一闭环草图，就不会出现两个方向框。

图 6-1-3　"基体法兰" 属性管理器

如果是单一开环草图，则弹出如图 6-1-3 左侧所示的属性管理器，因方向 1 和方向 2 部分类似于拉伸体的属性管理器中对应内容，因此这里不再说明。这里只介绍单一闭环草图所对应的属性管理器中的内容。

1．钣金规格

SolidWorks 提供了钣金规格表，即将常用的钣金规格利用 Excel 表格保存下来。建立钣金零件时，用户可以直接从规格表中读取已经定义好的钣金参数。这些参数包括：规格（厚度）、可用的折弯半径、K 因子。SolidWorks 提供了钣金规格表的样本，默认保存在“\SolidWorks\lang\chinese-simplified\Sheet Metal Gauge Table”文件夹中，用户可以参考“sample table - aluminum - metric units.xls”文件建立自定义的钣金规格表，如图 6-1-4 所示。

	A	B	C
1			
2	类型:	Aluminum Gauge Table	
3	加工	Aluminum - Coining	
4	K因子	0.5	
5	单位:	毫米	
6			
7	规格号	规格(厚度)	可用的折弯半径
8	Gauge 10	3	3.0; 4.0; 5.0; 8.0; 10.0
9	Gauge 12	2.5	3.0; 4.0; 5.0; 8.0; 10.0
10	Gauge 14	2	2.0; 3.0; 4.0; 5.0; 8.0; 10.0
11	Gauge 16	1.5	1.5; 2.0; 3.0; 4.0; 5.0; 8.0; 10.0
12	Gauge 18	1.2	1.5; 2.0; 3.0; 4.0; 5.0; 8.0; 10.0
13	Gauge 20	0.9	1.0; 1.5; 2.0; 3.0; 4.0; 5.0
14	Gauge 22	0.7	0.8; 1.0; 1.5; 2.0; 3.0; 4.0; 5.0
15	Gauge 24	0.6	0.8; 1.0; 1.5; 2.0; 3.0; 4.0; 5.0

Sheet1 Sheet2 Sheet3

就绪 100%

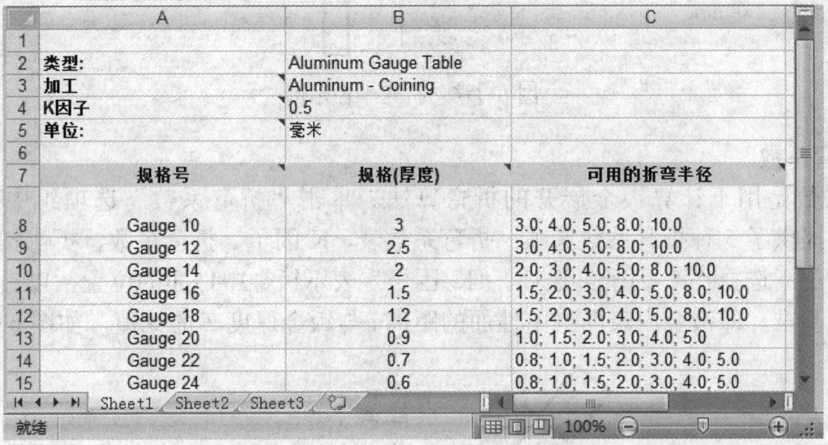

图 6-1-4 钣金规格表的样本

2．钣金参数

钣金零件是一种壁厚均匀的薄壁零件，对于同一个钣金实体而言壁厚是相同的。使用钣金工具建立特征时，如使用开环草图建立基体法兰，钣金零件的厚度相当于壁厚。如使用闭环草图建立基体法兰，则钣金零件的厚度相当于于拉伸特征深度，如图 6-1-5 所示。

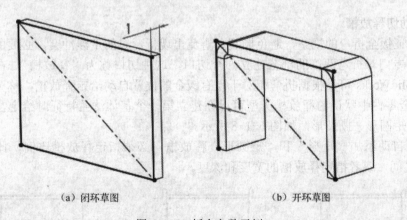

（a）闭环草图 （b）开环草图

图 6-1-5 钣金参数示例

需要注意的是：利用闭环草图建立基体法兰时，由草图的轮廓定义法兰形状，用户只能给定钣金的厚度参数。建立基体法兰后，需要编辑“钣金 1”特征来设置默认的折弯半径。

在后续创建法兰时，都使用这默认的折弯半径。

折弯半径：板件折弯时，为了避免外表面产生裂纹，需要制定钣金折弯时的折弯半径。折弯半径是指折弯内角的半径，如图 6-1-6 所示。SolidWorks 中钣金实体的默认折弯半径在建立基体法兰时，可以通过编辑"钣金"特征来指定。

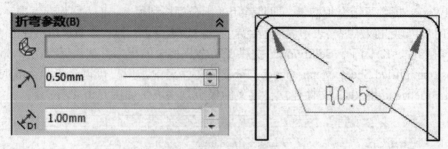

图 6-1-6　折弯半径示例

3．折弯系数

折弯系数是用于计算钣金展开的折弯算法。单击"折弯系数"选项组中下拉箭头，SolidWorks 提供了 5 种折弯系数选项：折弯系数表、K 因子、折弯系数、折弯扣除、折弯计算。一般情况下选择"K 因子"选项。"K 因子"表示钣金中性面的位置，以钣金零件的厚度作为计算基准，即钣金内表面到中性面的距离 t 与钣金厚度 T 的比值，如图 6-1-7 所示。

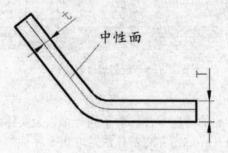

图 6-1-7　定义 K 因子

4．自动切释放槽

为了保证钣金折弯的规整，避免撕裂、避免出现折弯时的干涉冲突，必要的情况下应该在展开图中专门对折弯两侧的部分建立一个切口，这种切口称为"释放槽"。在建立法兰的过程中，SolidWorks 可以根据折弯相对于现有钣金的位置自动给定释放槽，称为"自动切释放槽"。钣金零件中默认的释放槽类型可以在建立第一个基体法兰特征时给定，包括三种形式：矩形、矩圆形、撕裂形，如图 6-1-8 所示。

如果要自动添加"矩形"和"矩圆形"释放槽，必须指定释放槽比例，比例值必须在 0.05～2.0 之间，或者指定释放槽的宽度和深度。

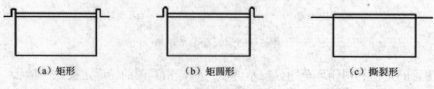

图 6-1-8　释放槽类型

上述参数设定完毕后,单击"确定"按钮 ✓,完成基体法兰的创建,如图 6-1-5 所示。

6.1.2 边线法兰

将法兰添加到钣金零件的所选边上,可以修改折弯角度和草图轮廓,也可同时选多条边线;既可在线性边上添加,也可在曲线边上添加。

单击"钣金"工具栏中的"边线法兰"按钮 ,弹出"边线法兰"属性管理器,如图 6-1-9 所示。

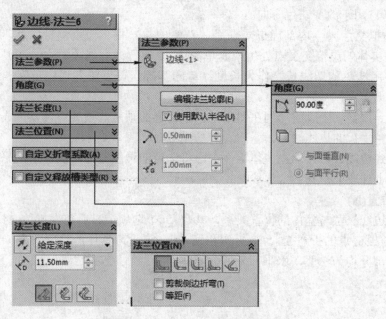

图 6-1-9 "边线法兰"属性管理器

1. 法兰参数(P)

◇ 边线 :选择绘图区已存在钣金模型的边线,可为线性边线,也可为曲线边线,也可选多条边线。

◇ 编辑法兰轮廓(E):单击"编辑法兰轮廓(E)"按钮,在绘图区会弹出一新对话框,如图 6-1-10 所示。在绘图区编辑法兰草图形状后,可单击"上一步"按钮,继续法兰参数设置,也可以单击"完成"按钮,结束边线法兰创建。

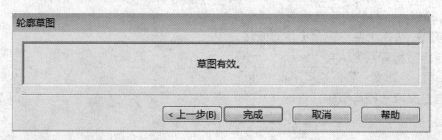

图 6-1-10 "轮廓草图"对话框

◇ 折弯半径:可以使用基体法兰的默认半径,也可以自定义半径。

2. 角度(G)

用于设定一个角度值。

选择面：选取一个面为法兰角度设定平行或垂直几何关系。

3. 法兰长度(L)

用于确定法兰长度方式。

（1）给定深度。根据所指定的长度和方向生成边线法兰。如果法兰草图完全约束，则长度和方向无法再定义。

- 长度：用于指定法兰长度。
- 方向：用于改变法兰方向。
- 外部虚拟交点、内部虚拟交点、双弯曲：用于设定测量原点。虚拟交点在两个草图实体的虚拟交叉点处生成一草图点。"双弯曲"选项对大于 90° 的折弯有效，可以使用法兰的切线长度作为长度计算的基础，可以键入切线长度，而不用进行其他计算。

（2）成形到顶点。生成成形到在图形区域中所选的顶点的边线。可以生成与法兰平面垂直或与基体法兰平行的边线法兰。

（3）成形到边线并合并。在多体零件中，将选定的边线与另一实体中的平行边线合并。在第二个实体上选取成形到参考边线。

4. 法兰位置(N)

用于确定边线法兰与基体的位置关系，共有 5 个选项：材料在内、材料在外、折弯在外、虚拟交点的折弯、与折弯相切。法兰与基体的位置关系如图 6-1-11 所示。图中折弯部分均为法兰，水平部分均为基体。

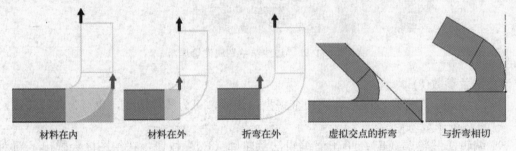

图 6-1-11　法兰不同位置示例

- 剪裁侧边折弯（可选）：当一斜接法兰折弯接触现有折弯时，多余的材料将显示。剪裁邻近折弯的切除自动生成，不能编辑。
- 等距：选择法兰与钣金实体的偏移。

5. 自定义折弯系数(A)

与基体法兰含义一致，这里不再细述。

6. 自定义释放槽类型(R)

与基体法兰含义一致，这里不再细述。

6.1.3　斜接法兰

斜接法兰特征可将一系列法兰添加到钣金零件的一条或多条边线上。斜接法兰的草图必须遵循以下条件：
- 草图可包括直线或圆弧。
- 斜接法兰轮廓可以包括一个以上的连续直线。
- 草图基准面必须垂直于生成斜接法兰的第一条边线。

创建斜接法兰草图步骤如下。

1．生成斜接法兰草图

单击"钣金"工具栏上的"斜接法兰"按钮，在信息提示下，选择生成斜接法兰特征的边线系列中第一条边线。注意要单击边线系列开头终点旁的边线。此时，系统会自动进入草图绘制环境，一个垂直于所选边线的草图打开。草图的原点位于所选边线最近的终点。

单击"草图"工具栏上的"直线"按钮，绘制斜接法兰的轮廓草图。确认有一条直线从草图原点所处的边线端点处开始，如图6-1-12所示。

2．设置斜接法兰参数

退出草图后，弹出"斜接法兰"属性管理器，如图6-1-13所示。该属性管理器中各选项功能说明如下。

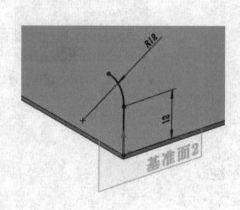
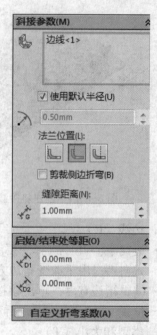

图 6-1-12　斜接法兰草图　　　　图 6-1-13　"斜接法兰"属性管理器

（1）斜接参数（M）。该选项组下有如下选项。
- 折弯半径：可以使用基体法兰的默认半径，也可以自定义半径。
- 法兰位置：与边线法兰的法兰位置意义一致。
- 剪裁侧边折弯（可选）：当一斜接法兰折弯接触现有折弯时，多余的材料将显示。剪裁邻近折弯的切除自动生成，不能编辑。

（2）启始/结束处等距（O）。为开始等距距离和结束等距距离设定数值（如果想使斜接法兰跨越模型的整个边线，必须将这些数值设置为零）。

（3）自定义折弯系数。与基体法兰含义一致，这里不再细述。

上述参数设定完毕后,单击"确定"按钮✓,完成斜接法兰的创建,如图 6-1-14 所示。

6.1.4 褶边

在钣金零件边线上添加褶边。使用该工具时,所选边线必须为直线,如果所选多条边线添加褶边,则这些边线必须在同一平面上。

在打开的钣金零件中,单击"钣金"工具栏中的"褶边"按钮,弹出"褶边"属性管理器,如图 6-1-15 所示。

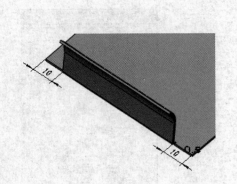

图 6-1-14 创建斜接法兰

图 6-1-15 "褶边"属性管理器

1. 边线(E)
- ◇ 边线：用于选择想要添加褶边的边线。
- ◇ 方向：用于改变褶边方向。
- ◇ 编辑褶边宽度：单击该按钮,可编辑褶边宽度。
- ◇ 位置：材料在内,折弯在外。

2. 类型和大小(T)

褶边类型有 4 种,各类型选项参数略有不同,如图 6-1-16 所示。

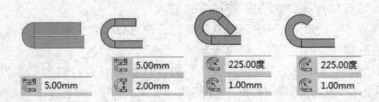

图 6-1-16 不同类型的褶边

3. 自定义折弯系数(A)

与基体法兰含义一致,这里不再细述。

4. 自定义释放槽类型（R）

与基体法兰含义一致，这里不再细述。

上述参数设定完毕后，单击"确定"按钮 ✓，完成褶边的创建，如图 6-1-17 所示。

图 6-1-17 褶边

6.1.5 边角

边角是在钣金零件上生成各种边角处理，共有 4 种类型：闭合角、焊接的边角、断开边角、边角释放槽。

1. 闭合角

闭合角特征用于在钣金特征之间添加材料。单击"钣金"工具栏中"闭合角"按钮，弹出"闭合角"属性管理器，如图 6-1-18 所示。该属性管理器中各选项说明如下。

（1）要延伸的面和要匹配的面。为要延伸的面选择一个或多个平面，SolidWorks 软件将尝试查找要匹配的面，如果未找到匹配面，则可以手动选择要延伸的面和要匹配的面。

（2）边角类型。边角类型有 3 种：对接、重叠、欠重叠。

◇ 缝隙距离：用于设置缝隙距离。

◇ 重叠比率：用于设置大于等于 0 而小于 1 之间的一数值（在重叠与欠重叠中可选）。

（3）选项（勾选）。

◇ 开放折弯区域：选取时，预览不显示。

◇ 共平面：将闭合角对齐到与选定面共平面的所有面。

◇ 狭窄边角：使用折弯半径的算法缩小折弯区域中的缝隙。闭合角创建示例如图 6-1-19 所示。

图 6-1-18 "闭合角"属性管理器

图 6-1-19 闭合角示例

2. 焊接的边角

焊接的边角可以在钣金零件边角上添加焊缝，包括斜接法兰、边线法兰和闭合角。

单击"钣金"工具条中的"焊接的边角"按钮，弹出如图 6-1-20 所示的属性管理器。该属性管理器中各选项功能说明如下。

- ◇ 要焊接的面：用于选择要焊接的面。
- ◇ 焊接终止点：用于选择顶点、边线或面来指定终止点。
- ◇ 添加圆角：给焊缝添加圆角。
- ◇ 添加纹理：给焊缝添加焊缝纹理。
- ◇ 添加焊接符号：在绘图区添加焊接符号。

生成焊接边角如图 6-1-21 所示。

图 6-1-20 "焊接的边角"属性管理器

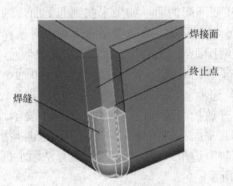

图 6-1-21 焊接的边角

3. 断开边角

断开边角工具用于从钣金零件的边线或者面切除材料。钣金零件在展开和折叠时均可以使用断开边角工具。

在 SolidWoks 软件中生成钣金零件，单击"钣金"工具条中的"断开边角"按钮，弹出如图 6-1-22 所示的属性管理器。在"剪裁对象"选择框中选择边线或者法兰面，在"折断类型"中选择"倒角"或者"圆角"，接着在数据输入框中输入距离值。断开的倒角示例如图 6-1-23 所示。

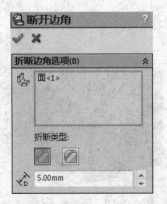

图 6-1-22 "断开边角"属性管理器

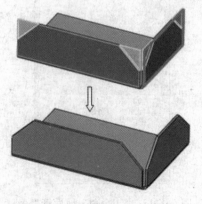

图 6-1-23 断开的边角示例

4. 边角释放槽

边角释放槽应用于折叠的钣金实体，它将保持展开状态。SolidWoks 提供了 5 种边角释放槽：矩形、圆形、撕裂形、矩圆形、等宽。创建边角释放槽的步骤如下：

（1）单击"钣金"工具条上的"边角释放槽"按钮，弹出如图 6-1-24 所示的属性管理器。

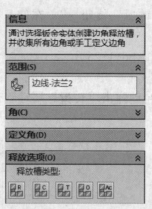

图 6-1-24 "边角释放槽"属性管理器

（2）在属性管理器"范围"选项组中，选择应用边角释放槽的钣金实体。

（3）在"角"选项组下，单击"收集所有角"按钮，则在选择框列出钣金件中所有边角，当单击其中一个边角时，定义边角的面将显示在"定义角"选择框中。

（4）选择边角后，在"释放选项"选项组中选择释放槽类型。释放槽类型和参数如表 6-1-1 所示。

表 6-1-1 边角释放槽类型表

名 称	图 标	折 叠	展 开	参 数
矩形				0.50mm 槽长度
圆形				0.50mm 槽宽度
撕裂形				
矩圆形				2.00mm 0.50mm 槽长度 槽宽度
等宽				

单击"确定"按钮，完成边角释放槽的创建。

6.1.6 转折

转折工具通过从草图线生成两个折弯而将材料添加到钣金零件上，转折工具的使用条件有：

◇ 草图必须只包含一根直线。
◇ 直线不需要是水平和垂直直线。
◇ 折弯线长度不一定非得与正折弯的面的长度相同。

创建钣金转折步骤如下。

1. 生成草图直线

单击"钣金"工具条上的"转折"按钮，在信息提示下，选择生成转折的所在平面，系统自动进入草图绘制环境；单击"草图"工具栏上的"直线"按钮，在生成转折的钣金零件的面上绘制一直线，如图 6-1-25 所示。

2. 设置转折特征参数

单击"退出草图"按钮，自动弹出"转折"属性管理器，如图 6-1-26 所示。该属性管理器各选项功能说明如下。

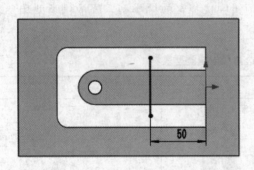

图 6-1-25　绘制转折折弯线　　　　　图 6-1-26　"转折"属性管理器

（1）选择（S）。在图形区域中，可以为转折选择一固定面，也可以编辑折弯半径。

（2）转折等距（O）。在终止条件下，选择以下项目中的一个：给定深度、成形到一顶点、成形到一面、到离指定面指定距离，这些终止条件与拉伸体部分内容相似，此处不再细述。

◇ 尺寸位置：给出了转折深度的三个不同位置，即外部等距、内部等距、总尺寸。

◇ 固定投影长度：如果想使转折的面保持相同长度，应勾选"固定投影长度"复选框；若消除选择"固定投影长度"，则无材料添加到薄片来制作凸出。

两者生成的转折对比如图 6-1-27 所示。

（3）转折位置。转折位置有 4 个选项：折弯中心线、材料在内、材料在外、折弯在外🔘，用于指定折弯与转折草图线的关系。

（4）转折角度🔘。为转折输入一角度值。

（5）自定义折弯系数。与基体法兰含义一致，这里不再细述。

上述参数设定完毕后，单击"确定"按钮✓，完成转折特征的创建，如图6-1-27所示。

原始零件　　　　　"固定投影长度"被选择　　　　"固定投影长度"被消除选择

图6-1-27　创建转折特征

6.1.7　折叠和展开

折叠和展开是两个互逆的操作，使用折叠和展开工具可以展开和折叠一个、多个或所有折弯。如果要在具有折弯的零件上添加特征，如钻孔、挖槽或折弯的释放槽，必须将零件展开和折叠。

在钣金零件中，单击"钣金"工具条中的"展开"按钮🔘，弹出如图6-1-28所示的属性管理器。

选择一个不因特征而移动的面作为固定面🔘，再选择一个或多个折弯或单击"收集所有折弯"按钮🔘，单击"确定"按钮✓，即展开所选折弯，如图6-1-29所示。

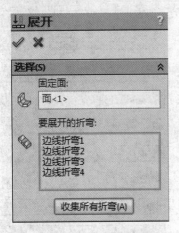

图6-1-28　"展开"属性管理器

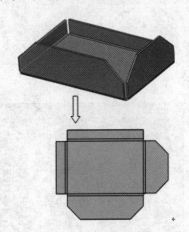

图6-1-29　折弯展开

因折弯与展开操作互逆，操作也很简单，在此不再重复。

6.1.8　拉伸切除

如果要在钣金折弯处生成切除特征，需要首先展开钣金，然后在展开的钣金件上创建切除特征，再折叠起来，具体步骤如下：

（1）首先展开一带折弯的钣金零件，如图 6-1-29 所示。

（2）选择展开钣金件一表面，单击"拉伸切除"按钮，系统自动进入草图绘制环境。绘制一封闭的草图，如图 6-1-30 所示。再单击"退出草图"按钮，把草图拉伸切除，形成一通孔。

（3）单击"钣金"工具条中的"折叠"按钮，再选取固定面。单击"收集所有折弯"按钮，再单击"确定"按钮，完成拉伸切除操作，如图 6-1-30 所示。

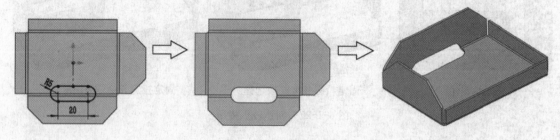

图 6-1-30　拉伸切除

6.1.9　通风口

创建通风口的步骤如下：

（1）首先绘制一闭合轮廓的通风口草图，如图 6-1-31 所示。

（2）单击"通风口"按钮，弹出"通风口"属性管理器，如图 6-1-32 所示。

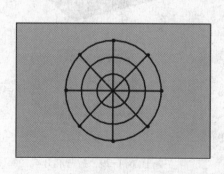

图 6-1-31　通风口草图

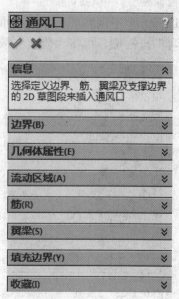

图 6-1-32　"通风口"属性管理器

① 边界：为通风口的边界选择形成闭合轮廓的 2D 草图段。

② 几何体属性：用于选择放置通风口面，选定的面上必须能够容纳整个通风口草图。其中，圆角半径中的值将应用于边界、筋、翼梁和填充边界之间的所有相交处。

③ 流动区域：显示两个数值，窗口总面积和开放区域的面积。

④ 筋：选择草图线段作为筋，设置筋的宽度。

⑤ 翼梁：选择草图线段作为翼梁，设置翼梁的宽度。注意必须至少生成一个筋，才能生成翼梁。

⑥ 填充边界：选择闭合的草图实体作为填充边界，至少必须有一个筋与填充边界相交。

生成的通风口如图6-1-33所示。

图6-1-33 通风口

操作步骤

1. 新建文档

启动SolidWorks 2014，新建文档，选择进入"零件"模块，单击"保存"图标按钮，在弹出的对话框中，保存路径取为D：\SolidWorks\项目6，文件名为"机罩"，保存类型取"零件（*.prt,*.sldprt）"，单击"保存"按钮。在零件模块中，调取"钣金"工具条，以备使用，如图6-1-34所示。因尚未开始建模，因此大多数特征按钮呈未激活状态。

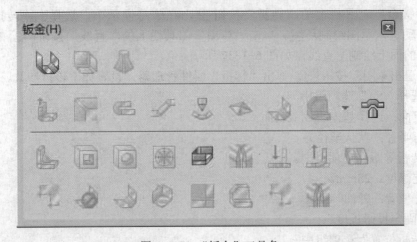

图6-1-34 "钣金"工具条

2. 创建基体法兰

(1) 单击"钣金"工具条上的"基体法兰"按钮，在信息提示下，选择"FRONT 基准面"为草图平面，系统自动进入草图绘制环境。在 FRONT 基准面上绘制基体法兰草图，如图 6-1-35 所示。

(2) 单击"退出草图"按钮，弹出"基体法兰"属性管理器。

在该属性管理器中设置如下钣金参数。

- ◇ 钣金厚度：2.5mm。
- ◇ 折弯系数：K 因子=0.5。
- ◇ 自动切释放槽：矩圆形。
- ◇ 宽度：5mm。
- ◇ 深度：5mm。

单击"确定"按钮，生成基体法兰。在绘图区左侧的 FeatureManager 设计树下，会出现 3 个图标，即钣金、基体法兰 1、平板型式。

(3) 用鼠标右键单击 FeatureManager 设计树下"钣金"按钮，编辑钣金特征参数，在弹出的对话框中修改折弯半径为 R2.5。生成的基体法兰如图 6-1-36 所示。

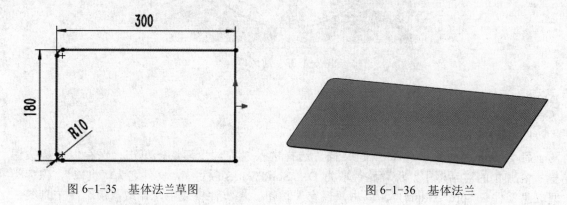

图 6-1-35　基体法兰草图　　　　图 6-1-36　基体法兰

3. 创建转折特征

单击"钣金"工具栏上的"转折"按钮，在信息提示下，选择生成转折的所在平面，系统自动进入草图绘制环境。单击"草图"工具栏上的"直线"按钮，在生成转折的钣金零件的面上绘制一直线，如图 6-1-37 所示。

单击"退出草图"按钮，弹出"转折"属性管理器，设置如下转折参数。

(1)"选择(S)"选项组中。

- ◇ 固定面：选择基体法兰上表面。
- ◇ 折弯半径：默认半径。

(2)"转折等距"选项组中。

- ◇ 给定深度：25mm。
- ◇ 尺寸位置：外部等距。

选中"固定投影长度"。

(3)"转折位置"选项组中。

- ◇ 折弯在外。

(4) 转折角度：60 度。
生成转折特征如图 6-1-38 所示。

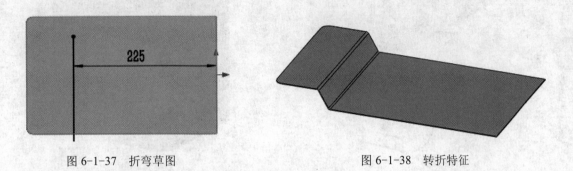

图 6-1-37　折弯草图　　　　　　　图 6-1-38　转折特征

4．创建边线法兰

选择转折特征的一条边线，再单击"钣金"工具栏中的"边线法兰"按钮，弹出"边线法兰"属性管理器。单击属性管理器中"编辑法兰轮廓"按钮，编辑法兰轮廓如图 6-1-39 所示。

退出法兰草图环境后，设置边线法兰其他参数如下。

◇ 折弯半径：R2.5。
◇ 法兰角度：90 度。
◇ 法兰位置：折弯在内。

折弯系数和释放槽均为系统默认参数。

单击"确定"按钮，生成边线法兰如图 6-1-40 所示。

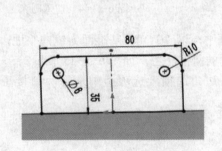 

图 6-1-39　边线法兰草图　　　　　　图 6-1-40　边线法兰特征

5．创建斜接法兰

（1）单击"钣金"工具栏上的"斜接法兰"按钮，在信息提示下，选择生成斜接法兰特征的边线。系统自动进入草图绘制环境，一垂直于所选边线的草图打开。草图的原点位于所选边线最近的终点。在该平面上绘制斜接法兰草图，如图 6-1-41 所示。

（2）单击"退出草图"按钮，在弹出的"斜接法兰"属性管理器中设置如下选项：

◇ 折弯半径：R2.5。
◇ 折弯位置：折弯在外，其余选项默认。生成斜接法兰如图 6-1-42 所示。

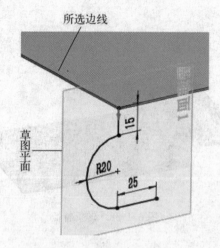
图 6-1-41　斜接法兰草图

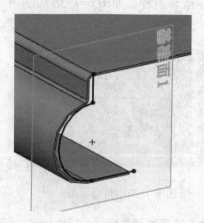
图 6-1-42　创建斜接法兰

（3）单击"拉伸切除"按钮，在斜接法兰一平面上绘制草图，如图 6-1-43 所示。退出草图后，拉伸切除生成两小孔，如图 6-1-44 所示。

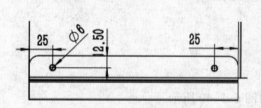
图 6-1-43　拉伸切除草图

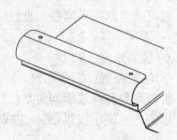
图 6-1-44　切除圆孔

（4）单击"镜向"按钮，在弹出的对话框中，以"TOP"基准面为镜向平面，选择斜接法兰和拉伸切除特征为镜向特征。创建另一侧的斜接法兰，如图 6-1-45 所示。

（5）单击"断开边角"按钮，在"折断边角选项"选项组中选择两斜接法兰的法兰面。

◇ 折断类型：圆角。

◇ 半径：R10。

生成边圆角，如图 6-1-46 所示。

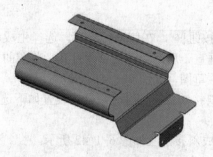
图 6-1-45　镜像斜接法兰

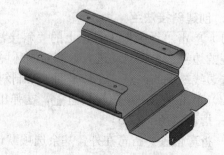
图 6-1-46　边角裁剪

6. 创建拉伸切除

（1）单击"展开特征"按钮，以基体法兰一平面为"固定面"，收集所有的折弯，将上述钣金件展开。

（2）选择展开钣金件一表面，单击"拉伸切除"按钮 ▣，系统自动进入草图绘制环境。绘制一封闭的草图，如图 6-1-47 所示。再单击"退出草图"按钮 ◿，钣金件被切除一部分材料，如图 6-1-48 所示。

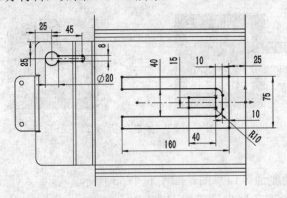
图 6-1-47 切除特征草图

图 6-1-48 特征切除

（3）单击"钣金"工具栏中的"折叠"按钮 ↥，打开属性管理器选取固定面，再单击"收集所有折弯"按钮，将所有的折弯再次折弯，如图 6-1-49 所示。

7. 绘制的折弯

单击"绘制的折弯"按钮 ↧，选择基体法兰上表面为草图平面，绘制一草图，如图 6-1-50 所示。单击"退出草图"按钮，弹出"绘制的折弯"属性管理器，输入如下折弯参数。

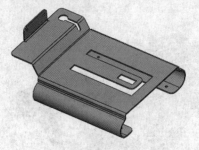
图 6-1-49 折弯钣金

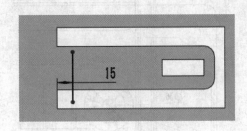
图 6-1-50 折弯草图

◇ 固定面：基体法兰上表面。
◇ 折弯位置：折弯在外。
◇ 折弯角度：60 度。
◇ 折弯半径：R2.5。

创建绘制的折弯特征，如图 6-1-51 所示。

采用同样的方法创建另一绘制的折弯特征，折弯参数如下。

◇ 固定面：基体法兰下表面。
◇ 折弯位置：折弯在外。

- ◇ 折弯角度：150 度。
- ◇ 折弯半径：R10。

创建的折弯如图 6-1-52 所示。

图 6-1-51　绘制的折弯 1

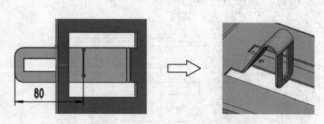

图 6-1-52　绘制的折弯 2

8．创建通风口

选择基体法兰上表面作为草图平面，绘制通风口草图，如图 6-1-53 所示。

单击"通风口"按钮 ✿，在弹出的属性管理器中设置如下选择项。

- ◇ 通风口边界：外圆 $\phi 45$。
- ◇ 通风口放置面：基体法兰上表面，圆角半径 R2。
- ◇ 筋：选择草图中两直线，筋板宽 5mm。
- ◇ 翼梁：草图中中间圆 $\phi 30$，翼梁宽 2.5mm。
- ◇ 填充边界：草图中小圆 $\phi 12.5$。

单击"确认"按钮 ✔，创建通风口如图 6-1-54 所示。

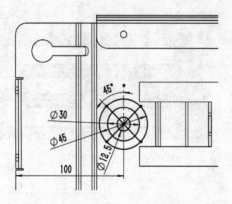

图 6-1-53　通风口草图

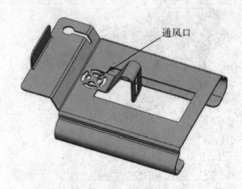

图 6-1-54　通风口

9．保存文件

单击"保存"按钮 💾，至此，完成机罩钣金件的创建。

⚙ 重点串联

机罩零件建模的关键步骤如图 6-1-55 所示。

图 6-1-55 机罩零件建模的关键步骤

 练习

1. 创建如图 6-1-56 所示开锁拉环的钣金件模型。

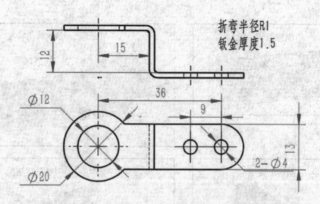

图 6-1-56 开锁拉环零件图

2. 根据图 6-1-57 所示图形,创建排气扇后盖板钣金件模型。

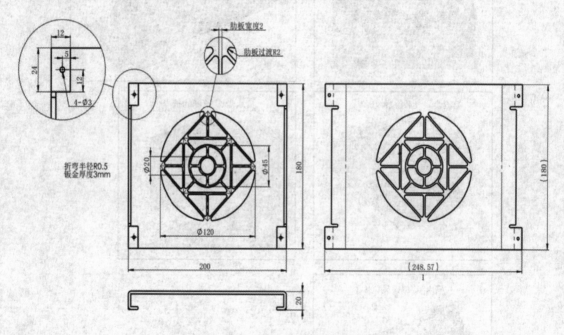

图 6-1-57 排气扇后盖板零件图

模块 6.2 文件夹建模

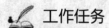工作任务

正确理解图 6-2-1 所示钣金零件文件夹零件图,在软件 SolidWorks2014 钣金模块中,运用基体法兰、绘制的折弯、成形工具、钣金角撑板等工具完成文件夹三维模型创建。

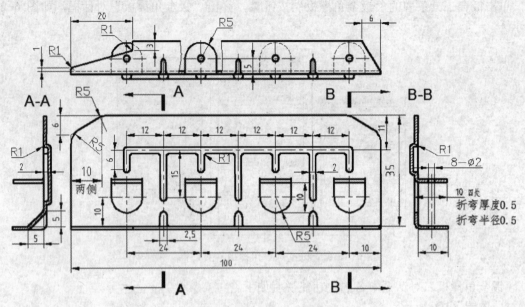

图 6-2-1 文件夹零件图

工作任务分析

文件夹零件是厚度均匀一致的板料零件，属于钣金类的零件，其外形由一个基体法兰和一个折弯构成，在折弯处有三处角撑板，在平板上有两种用不同的成形工具生成的凹腔，最后完成一组简单孔的创建。建模过程分两步完成：首先创建两种不同类型的成形工具文件，保存在合适的位置以便备用；然后创建文件夹外形轮廓，把两种成形工具插入到指定位置，在折弯处生成三处角撑板。建模步骤如图 6-2-2 所示。

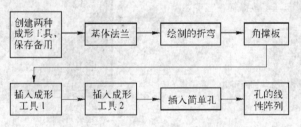

图 6-2-2 文件夹零件建模步骤

相关知识汇总

6.2.1 钣金角撑板

成形工具在钣金设计过程中是必不可少的，在 SolidWorks2014 之前成形工具是不能跨折弯创建的，在 SolidWorks2014 中增加了钣金角撑板功能，可使特定凹口贯穿整个折弯，而不需要预先创建成形工具文件。在钣金折弯处创建角撑板步骤如下。

首先创建一带折弯的钣金零件。

单击钣金工具条中的"钣金角撑板"按钮，弹出"钣金角撑板"对话框，如图 6-2-3 所示。

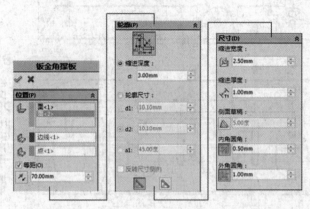

图 6-2-3 "钣金角撑板"对话框

"钣金角撑板"对话框中各选项功能说明如下。

1. 位置（P）

用于决定角撑板在折弯处位置的定位方法。

（1）支撑面。用于选择一个折变面或者两个平面，放置角撑板。

（2）参考线。用于选择一线性参考线，确定角撑板的方位，参考线与角撑板两侧面垂直。

（3）参考点。用于选择一草图点或顶点，确定角撑板沿参考线方向的位置。

（4）等距（勾选）。若勾选，则输入角撑板与参考点的距离值（角撑板对称面到参考点距离）。若不勾选，则角撑板只在参考点处生成。

各项含义如图 6-2-4 所示。

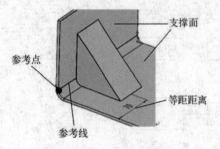

图 6-2-4 角撑板定位方式

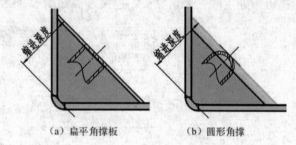

图 6-2-5 两类型角撑板比较

2. 轮廓（P）

用于决定角撑板的轮廓类型。

（1）缩进深度 d，即缩进深度尺寸。选择该选项，则角撑板默认为对称角撑板。"轮廓尺寸"各选项不能激活，如图 6-2-5 所示。

（2）轮廓尺寸 d1，即截面轮廓长度尺寸。选择轮廓尺寸选项，则可分别输入截面轮廓长度、高度和角度数值，改变角撑板的轮廓形状。此时"缩进深度"选项不可选，如图 6-2-6 所示。

（3）轮廓尺寸 d2，即截面轮廓高度尺寸。

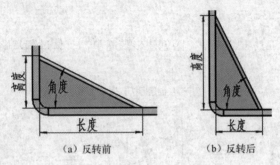

图 6-2-6　角撑板尺寸反转对比

（4）轮廓尺寸 a1，即截面轮廓角度尺寸。
（5）反转尺寸侧（勾选），即反转角撑板长度和高度位置。
（6）类型（任选），有圆形角撑板 ◣、扁平角撑板 ◣ 两种，类型形式如图 6-2-5 所示。

3．尺寸（D）

用于决定角撑板的形状尺寸。
（1）缩进宽度 ◣，指角撑板宽度。
（2）缩进厚度 ◣，指角撑板板料厚度，一般和原钣金件厚度一致。
（3）侧面草稿（侧面锥度）◣，指角撑板两侧面斜度。
（4）内角圆角 ◣，指角撑板与支撑面交接处内圆角半径，一般指钣金折弯半径。
（5）外角圆角 ◣，指角撑板与支撑面交接处外圆角半径，一般指钣金折弯半径+钣金厚度。
各尺寸含义如图 6-2-7 所示。

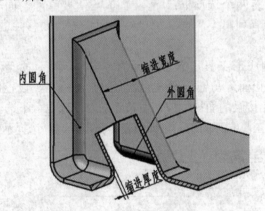

图 6-2-7　角撑板各参数含义

6.2.2　成形工具

钣金与冲压零部件经常需要制作冲头，用以切除零件内的材料，以形成特定的孔与形状，成形工具如同图章一样，可以在钣金表面形成特定的印记。成形工具仅能用在钣金零件上，不能用在一般零件上。

在钣金件中创建成形特征需要分两步走，首先要自行设计成形工具，然后才能在钣金零件中使用成形工具。SolidWorks 软件的设计库中自带了一些成形工具，我们可以直接用在产品设计中。但很多时候，我们需要开发特定形状的成形工具来完成我们的设计工程。自定义成形工具有四种方法。

1. 方法一

第一步 创建成形工具零件模型,因创建步骤简单,具体过程从略,创建步骤如图 6-2-8 所示。

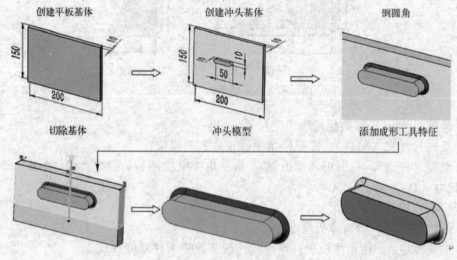

图 6-2-8 成形工具创建步骤

第二步 创建成形工具特征。单击钣金工具栏中的"成形工具"按钮,弹出"成形工具"对话框,如图 6-2-9 所示,此命令属性中有两个按钮:"类型"和"插入点"。

(1)"类型"按钮中有两个选项框:"停止面"与"要移除的面",除此之外还有一个隐含的"接触面",软件没有列出,当选择了"停止面"与"要移除的面"后,剩下的面默认为"接触面"。

"停止面"用于控制成形工具压入钣金件的方向与深度。成形工具垂直于钣金表面和"停止面"压入,当"停止面"与钣金原来的表面重合时停止,以控制深度。

与"要移除的面"相接触的面被切掉,要移除的面可选也可不选,不选则无移除的面,形成一个不通的凹腔,成形工具剩下的表面在钣金表面压出轮廓。选择示例如图 6-2-9 所示。

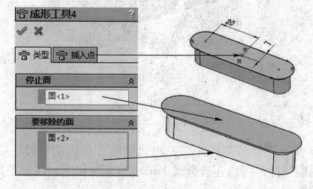

图 6-2-9 创建成形工具

(2)插入点。在插入成形工具时,确定成形工具在钣金件中的位置。使用尺寸和几何关系放置插入点。

单击"确定"按钮✔,退出对话框,模型中"停止面"变成红色,"要移除的面"变成蓝色,其余的面变成黄色。此时绘图区左侧插征管理树下出现"成形工具"图标 成形工具1。

第三步 选择菜单栏"文件(F)"→"另存为(A)",在弹出的"另存为"对话框中选择"保存类型"为"Form Tool (*.sldftp)",保存至文件夹:C:\ProgramData\ SolidWorks\SolidWorks 2014\design library\forming tools\我的成形工具(文件夹自建)。文件名:冲头。

2. 方法二

第一步 创建成形工具零件模型,具体步骤如同方法一。

第二步 用鼠标右键单击冲头前表面,在弹出的快捷菜单中选择"外观",弹出"颜色"属性管理器,改变前表面颜色为纯红色(R255)。即设定前表面为成形工具的"要移除的面"。

第三步 选择冲头后表面,进入"草图绘制"环境,再单击"草图"工具栏中的"转换实体引用"按钮,转换后表面草图轮廓,然后退出草图环境,建立冲头后表面为成形工具"停止面"轮廓草图。效果如图 6-2-10 所示。此时绘图区左侧插征管理树下出现草图轮廓图标 草图5。

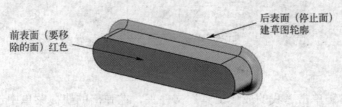

图 6-2-10 定义成形工具"停止面"

第四步 保存文件至"设计库"下的文件夹"我的成形工具":C:\ProgramData\SolidWorks\SolidWorks 2014\design library\forming tools\我的成形工具,零件格式仍为"*.sldprt"。

这种成形工具文件与 Solidworks 软件自带的设计库中成形工具文件形式一致。

3. 方法三

第一步 创建成形工具模型,步骤如同方法一中的第一步、第二步。

第二步 将光标移至特征管理树下方文件名处,并单击鼠标右键,在弹出的快捷菜单中选择"添加到库"选项,弹出"添加到库"对话框,如图 6-2-11 所示。

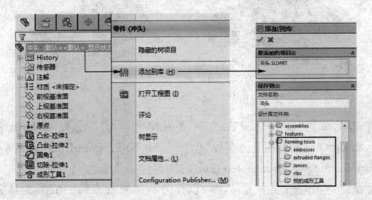

图 6-2-11 添加成形特征至设计库

在对话框中可以改变"文件名称"。"设计库文件夹"有两种选择方法：
（1）选择"forming tools"或其下一级的文件夹。
（2）选择设计库下其他的文件夹或自定义的文件夹，这一步选择的文件夹必须被设定为"成形工具文件夹"，否则在拖放使用成形工具时，系统会弹出对话框"你要尝试去建立一派生零件吗？"，而不能正确地使用成形工具。

零件格式仍为"*.sldprt"。单击"确定"按钮，退出对话框。

注意：成形工具文件必须先保存，才能添加到设计库。

若要把自定义文件夹设定为"成形工具文件夹"，则必须打开设计库，方法如下：
（1）用鼠标单击绘图区右侧资源库下"设计库"按钮，弹出设计库，如图 6-2-12 所示。单击"生成文件夹"按钮，在"Design Library"下创建一新的文件夹"我的成形工具"。

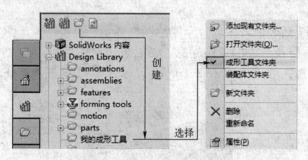

图 6-2-12　设定文件夹类型

（2）用鼠标右键单击"我的成形工具"文件夹，在弹出的快捷菜单中选择"成形工具文件夹"，这样成形工具保存在该文件夹下，就能拖放使用了。

4．方法四

对于 SolidWorks 系统自带的成形工具，我们可以通过修改特征以满足我们的需求，方法如下：

第一步　用鼠标单击绘图区右侧资源库下"设计库"按钮，弹出设计库，打开设计库下文件：Design Library\forming tools\extruded flanges\rectangular flange.sldprt。该文件特征管理树下没有"成形工具"图标，只有草图轮廓图标，与方法三中自定义成形工具类型一致。

第二步　选择特征管理树下某一特征，修改模型尺寸或删除，如图 6-2-13 所示。

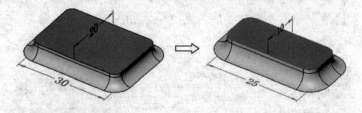

图 6-2-13　修改成形工具

第三步　单击菜单栏"文件（F）"→"另存为（A）"，重新命名零件名称 A-rectangular flange.sldprt，保存路径仍在原文件夹下：C:\ProgramData\SolidWorks\SolidWorks 2014\design library\forming tools\extruded flanges，零件格式仍为"*.sldprt"。

相当于重新设计一相似的成形工具，可以充分利用系统自带的成形工具文件。

6.2.3 成形工具的使用

在设计完成形工具后,把成形工具拖放到钣金零件平面上,再准确定位,就可完成钣金零件上自定义"压痕"创建。操作步骤如下:

第一步 单击"钣金"工具栏上"基体法兰/薄片"按钮,建立一平板的钣金零件,如图 6-2-14 所示。

图 6-2-14 拖放成形工具

第二步 用鼠标单击绘图区右侧资源库下"设计库"按钮,打开文件夹 C:\ProgramData\SolidWorks\SolidWorks 2014\design library\forming tools\extruded flanges,在文件夹下方会有成形工具文件的缩微图,用鼠标左键按住其中一个缩微图,拖动该图标至钣金件表面,同时弹出"成形工具特征"属性对话框,如图 6-2-15 所示。

图 6-2-15 "成形工具特征"属性对话框

各选项功能说明如下。

(1) 方位面(P):成形工具放置面,与成形工具"停止面"重合,用于控制成形工具压入的方向和深度。

(2) 旋转角度(A):用于控制成形工具放置的角度,反转工具则反向放置成形工具。效果图如图 6-2-16 所示。

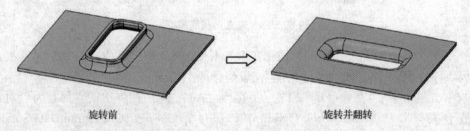

图 6-2-16 成形工具不同方位比较

（3）配置（C）：用于选择该成形工具的不同配置。

（4）链接（K）：勾选"链接到成形工具（L）"，则该成形工具与设计库中成形工具文件参数关联，可以通过编辑修改设计库中成形工具文件来修改钣金件中成形工具特征。在编辑成形工具特征时，也可在此处单击"替换工具"按钮，用其他的成形工具代替已有成形工具。

（5）位置：单击"位置"按钮 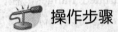，则可通过草图工具标注成形工具定位尺寸，如图6-2-17所示。

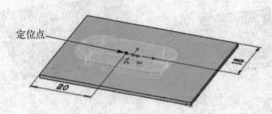

图 6-2-17 标注成形工具特征定位尺寸

操作步骤

1. 创建加强筋成形工具

（1）启动 SolidWorks2014，新建文档，选择进入"零件"模块，单击"保存"图标按钮，在弹出的对话框中，保存路径取 D：\solidworks\项目 6，文件名为"加强筋"，保存类型取"零件（*.prt,*.sldprt）"

（2）按照图 6-2-1 所示尺寸，创建加强筋成形工具零件模型，因创建步骤简单，具体过程从略，创建步骤如图 6-2-18 所示。

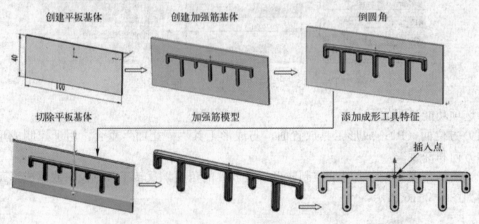

图 6-2-18 建立加强筋模型

（3）单击"钣金"工具栏中的"成形工具"按钮，弹出"成形工具"对话框。选择后表面为"停止面"，不选"要移除的面"，设坐标原点为成形工具"插入点"。

（4）单击菜单栏 "文件（F）" | "另存为（A）"，在弹出的"另存为"对话框中选择"保存类型"为"Form Tool (*.sldftp)"，保存至文件夹：C:\ProgramData\SolidWorks\SolidWorks 2014\design library\forming tools\我的成形工具，保存备用。

2．创建 U 型孔成形工具

（1）按上述同样步骤创建 U 形孔成形工具，保存路径取 D：\SolidWorks\项目 6，文件名为"U 型孔"，保存类型取"零件（*.prt,*.sldprt）"。

（2）按照图 6-2-1 所示尺寸，创建 U 型孔成形工具零件模型，创建步骤如图 6-2-19 所示。

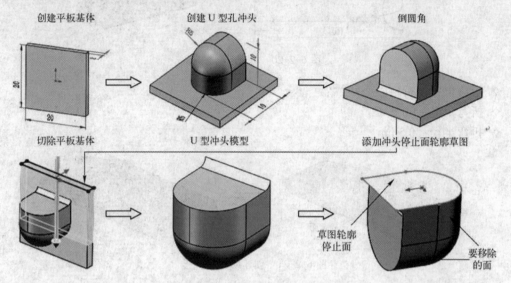

图 6-2-19　创建 U 形冲头成形工具

（3）按 Ctrl 键同时选中冲头 U 形侧面部分的表面，编辑表面的颜色，改变为纯红色（R255），即设定这些表面为"要移除的面"。

（4）选择冲头上平面，进入"草图绘制"环境，再单击"草图"工具栏中的转换实体引用"按钮 ，转换上平面草图轮廓，然后退出草图环境，建立冲头上平面为成形工具"停止面"轮廓草图。效果如图 6-2-18 所示。

（5）将光标移至特征管理树下方文件名处，并单击鼠标右键，在弹出的快捷菜单中选择"添加到库"选项，弹出"添加到库"对话框，保存成形工具至文件夹：C:\ProgramData\SolidWorks\SolidWorks 2014\design library\forming tools\我的成形工具，保存备用。

3．创建文件夹零件模型

（1）启动 SolidWorks2014，新建文档，选择进入"零件"模块，单击"保存"图标按钮 ，在弹出的对话框中，保存路径取 D：\SolidWorks\项目 6，文件名为"文件夹"，保存类型取"零件（*.prt,*.sldprt）"。

（2）单击"钣金"工具栏中"基体法兰/薄片"按钮 ，选择"前视基准面"为草图平面，进入"草图绘制"环境。利用绘图工具绘制基体法兰草图并标注尺寸，如图 6-2-20 所示。退出草图环境，在弹出的"基体法兰"对话框中输入"钣金参数"为 0.5mm,创建基体法兰如图 6-2-20 所示。

（3）创建折弯。单击"钣金"工具栏中"绘制的折弯"按钮 ，选择基体法兰一平面，在该平面上绘制一直线，如图 6-2-21 所示，退出草图环境，弹出"绘制的折弯"对话框，在该对话框中输入如下参数。

◇ 固定面 ：草图平面；

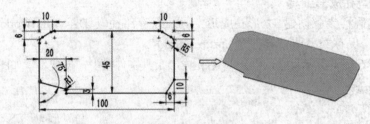

图 6-2-20 创建基体法兰

◇ 折弯位置：折弯中心线▇；
◇ 折弯角度：90 度；
◇ 折弯半径：0.5mm。

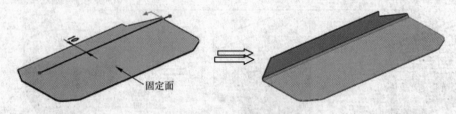

图 6-2-21 创建绘制的折弯

(4) 创建 U 形孔成形工具特征。

① 用鼠标单击绘图区右侧资源库下"设计库"按钮▇，打开文件夹：C:\ProgramData\SolidWorks\SolidWorks 2014\design library\forming tools\我的成形工具，用鼠标拖动"U 形孔"成形工具缩微图标，放置在上述基体法兰表面，如图 6-2-22 所示，弹出"成形工具特征"对话框，设置如下各选项：

◇ 类型▇ 类型，依据成形工具预览图，可以输入旋转角度及单击"反转工具"按钮。勾选"链接到成形工具"选项。
◇ 位置▇ 位置，标注 U 形孔"插入点"定位尺寸。

单击"确定"按钮▇，完成单一 U 形孔的创建。

② 单击"钣金"工具栏中"简单直孔"按钮▇，选择 U 形孔保留的一侧面放置简单孔，在弹出的"孔"对话框中，输入孔直径$\phi 2$，输入深度：完全贯穿。单击"确定"按钮▇，完成简单直孔创建，如图 6-2-22 所示。

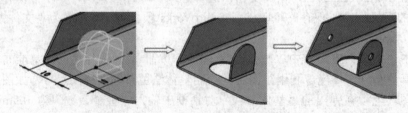

图 6-2-22 创建 U 形孔

③ 单击"特征"工具栏中的"线性阵列"按钮▇，弹出"线性阵列"对话框，在对话框中输入下列参数。

◇ 方向 1 (1)：一线性轮廓边线；

◇ 间距：24mm；
◇ 实例数：4；
◇ 要阵列的特征：U 形孔、简单直孔。

单击"确定"按钮，完成 U 形孔线性阵列创建，如图 6-2-23 所示。

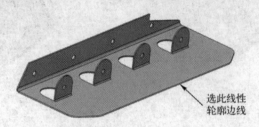

图 6-2-23　阵列 U 形孔

（5）创建加强筋成形工具特征。用鼠标单击绘图区右侧资源库下"设计库"按钮，打开文件夹：C:\ProgramData\SolidWorks\SolidWorks 2014\design library\forming tools\我的成形工具，用鼠标拖动"加强筋"成形工具缩微图标，放置在基体法兰表面，弹出"成形工具特征"对话框，设置如下各选项：

◇ 类型，依据成形工具预览图，可以输入旋转角度及单击"反转工具"按钮。勾选"链接到成形工具"选项。
◇ 位置，标注加强筋"插入点"定位尺寸。

单击"确定"按钮，完成单加强筋的创建。创建效果如图 6-2-24 所示。

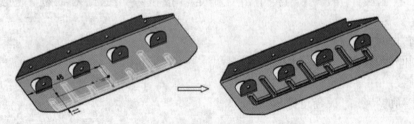

图 6-2-24　创建加强筋成形工具特征

（6）创建角撑板特征。单击"钣金"工具栏中的"角撑板"按钮，弹出"钣金角撑板"属性对话框，输入"角撑板"各参数如图 6-2-25 所示。创建效果如图 6-2-26 所示。

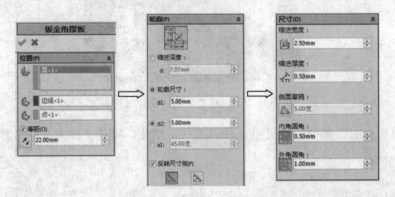

图 6-2-25　"角撑板"各参数

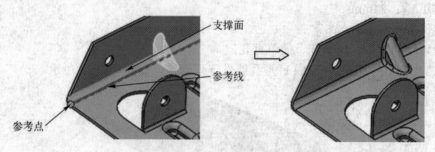

图 6-2-26 "角撑板"创建效果图

角撑板各参数如下所示。
- 从参考点等距距离：22；
- 轮廓长度尺寸：5；
- 轮廓高度尺寸：5；
- 圆形角撑板（勾选）；
- 缩进宽度：2.5；
- 缩进厚度：0.5；
- 内圆半径：0.5；
- 外圆角半径：1。

单击"特征"工具栏中的"线性阵列"按钮 ，在弹出的对话框中输入阵列参数如下，阵列出其他两个角撑板，再单击"确定"按钮 ，退出对话框，创建效果如图 6-2-27 所示。

- 阵列方向 ：边线 1；
- 阵列间距：24；
- 实例数：3；
- 要阵列的特征：钣金角撑板 1。

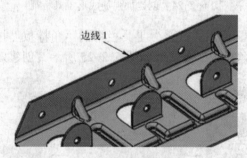

图 6-2-27 线性阵列"角撑板"

单击菜单栏中的"保存"按钮 ，保存文件，至此，零件文件夹三维模型创建完毕。

重点串联

文件夹零件建模的关键步骤如图 6-2-28 所示。

图 6-2-28 文件夹零件建模的关键步骤

练习

1. 根据图 6-2-29 所示图形,创建主机后盖板钣金件模型。

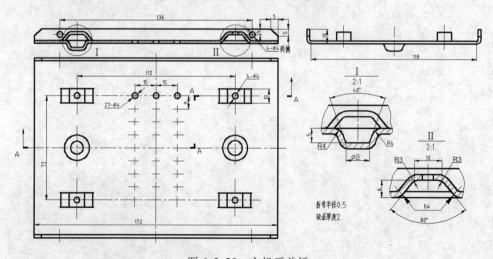

图 6-2-29 主机后盖板

2. 根据图 6-2-30 所示图形，创建角撑板钣金件模型。

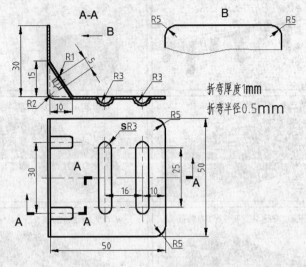

图 6-2-30 角撑板零件图

项目 7 虚拟装配

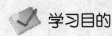 **学习目的**

通过本项目的学习,掌握 SolidWorks 软件自底向上装配方法,掌握软件中各种装配类型,了解零件间干涉检查方法,了解爆炸视图的生成。

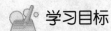 **学习目标**

1. 掌握装配体模板创建方法。
2. 掌握自底向上装配设计步骤。
3. 熟悉并理解各种装配约束类型:标准配合、高级配合、机械配合。
4. 掌握装配体中零件操作的内容:编辑零件、零件复制、零件隐藏和显示。
5. 掌握装配体中零部件的干涉检查。
6. 掌握生成装配体爆炸图的方法。

模块 7.1 台虎钳的自底向上装配

工作任务

正确分析图 7-1-1 所示台虎钳装配体中各零件间的装配关系及装配顺序。在 SolidWorks 2014 装配模块中,用自底向上的装配方法完成台虎钳的装配,并生成台虎钳装配体的爆炸视图,如图 7-1-2 所示。

图 7-1-1 台虎钳装配图

工作任务分析

台虎钳是钳工常用工具,用来夹持工件使用,转动手柄,通过螺杆的矩形螺纹活动钳身可以左右移动。台虎钳主要由活动钳身、固定钳身、螺杆、手柄、螺杆螺母等可活动零件，以及螺钉、螺母等起固定作用的零件组成。零件间的装配关系也较简单，面重合、面对齐、圆柱面同轴心、面对称、螺纹旋合、添加装配关系后，旋转手柄，台虎钳活动钳身应该可以在指定的距离内左右移动，实现台虎钳功能。

在完成装配任务后，再创建一爆炸视图，以备制作产品说明书使用，或做一装配动画，形象地说明零件间的装配关系或装配顺序。

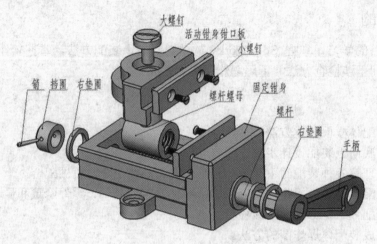

图 7-1-2 台虎钳爆炸图

 相关知识汇总

虚拟装配是指通过计算机对产品装配过程和装配结果进行分析和仿真，评价和预测产品模型，做出与装配相关的工程决策，而不需要实际产品作支持。随着社会的发展，虚拟制造成为制造业发展的重要方向之一，而虚拟装配技术作为虚拟制造的核心技术之一也越来越引人注目。虚拟装配的实现有助于对产品零部件进行虚拟分析和虚拟设计，有助于解决零部件从设计到生产所出现的技术问题，以达到缩短产品开发周期、降低生产成本以及优化产品性能等目的。

虚拟装配设计有自底向上（Bottom-up）设计和自顶向下（Top-down）设计两种，前者是先设计单个零部件，在此基础上进行装配生成总体设计，使其构成一部机器，能够完成一定的动作。

7.1.1 新建装配体文件

新建装配体文件和新建零件方法相同，但需要选择装配体类型的模板文件，也可以创建一装配体模板文件，供日后反复使用。

启动 SolidWorks 2014，选择"装配体"模块，如图 7-1-3 所示。单击"确定"按钮，进入装配体窗口，弹出"开始装配体"属性管理器中，准备插入零件或子装配体。装配模块界面如图 7-1-4 所示。装配体文件的扩展名为：*.Sldasm。

1．装配体模板设计步骤

（1）单击装配体模块界面右上角"选项"按钮，打开"文档属性"选项。更改单位制为"MMGS（毫米、克、秒）"，使之符合常规机械设计习惯。

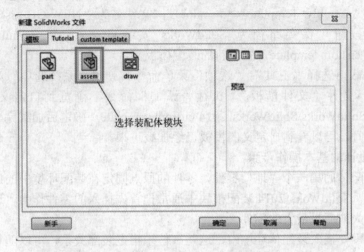

图 7-1-3 新建装配体文件

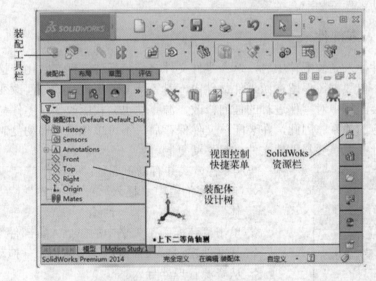

图 7-1-4 装配模块界面

（2）选择"文件"|"属性"命令，打开"摘要信息"对话框。在"自定义"选项下填写文件属性，如图 7-1-5 所示。因装配体是没有材料的，因此"材料"行用"按零件"指代，或不写。

图 7-1-5 自定义装配体文件属性

(3) 选择"文件"|"另存为"菜单命令,弹出"保存文件"对话框。在"文件类型"下拉表中选择"Assembly Template(*.asmdot)",文件名为"NEW-GB-assembly.asmdot"。单击"保存"按钮,保存路径为 SolidWorks 安装目录:C:\ProgramData\SolidWorks\SolidWorks 2014\custom template,生成新的装配模板文件。

(4) 模板加载。选择"工具"|"选项"菜单命令,弹出"系统选项"对话框。在"文件位置"下选择文件"文件模板",执行"添加"命令,浏览到自定义模板文件夹:C:\ProgramData\SolidWorks\SolidWorks 2014\custom template,确定后加载完毕,此时,新建 SolidWorks 文件时,可以看到自定义的模板已经加载进来。

2. 装配体设计的基本操作步骤

(1) 设定装配体的第一个"地"零件,零件的原点固定在装配环境中的原点位置,作为其他零件的参照。SolidWoks 2014 装配模块中通常把首先插入的零件作为"地"零件,一般首先插入尺寸最大或质量最大的零件。

(2) 将其他零件插入装配体环境中,这些零件未指定装配关系,可以随意移动和转动,为浮动零件。

(3) 为浮动零件添加配合关系。

7.1.2 插入零部件

将一个零件插入到装配体中时,这个零件文件会与装配体文件参数化链接。零件出现在装配体文件中,但数据还保留在源零件文件中,对零件文件所进行的任何改变都会更新装配体。反之,在装配体中对零件进行的任何修改,源零件也会相应改变。零件与装配体文件形成一种指针对应的关系。因此,在装配体文件保存后,不可单独进行移动复制操作,否则就会断开这种指针关系,要与零件文件一起移动复制。

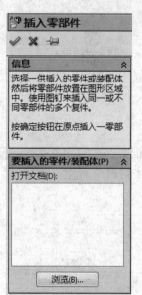

图 7-1-6 "插入零部件"属性管理器

插入零件方式共有以下 5 种:
- 选择菜单栏中"插入"|"零部件"|"现有零件/装配体"。
- 单击"装配"工具栏中的"插入零部件"按钮。
- 从文件窗口导入:窗口→横向铺平→拖动。
- 从资源管理器导入。
- 生成拷贝:按 Ctrl 键从设计树或图形区域中拖动。

单击"装配体"工具栏中的"插入零部件"按钮,弹出"插入零部件"属性管理器,如图 7-1-6 所示。

单击"浏览"按钮,浏览至文件所在位置,再选择所需文件,如图 7-1-7 所示。单击"打开"按钮。

单击"插入零部件"属性管理器中的"确定"按钮,把零件放在原点。第一个零件的原点与装配体文件的原点重合,在装配体特征树中零件前有标识"固定",说明该零件是装配体中的固定零件,如图 7-1-8 所示。

注:此处插入零部件,可以通过使用图钉来插入多个复制件;还可以移动光标在绘图区任意位置旋转零部件。

图 7-1-7 插入零部件　　　　　　　图 7-1-8 装配设计树

7.1.3 移动和旋转零部件

在装配环境下，对于未添加约束或部分添加约束关系的零件，可以移动或旋转，这样可以使零件移动到一个更好的位置上，得以建立装配关系。

单击"装配"工具栏上的"移动零部件"按钮，弹出"移动零部件"属性管理器，如图 7-1-9 所示。该属性管理器中显示有移动和旋转两个选项。弹开"移动"选项，光标的形状变成 ；弹开"旋转"选项，光标形状变成 。其中移动方式有 5 种，旋转方式有 3 种，分别介绍如下。

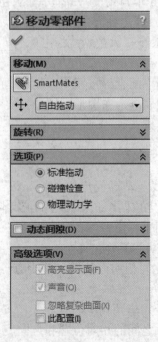

图 7-1-9 "移动/旋转零部件"属性管理器

1. 移动方式
   - 自由拖动：选择零部件并沿任何方向拖动。
   - 沿装配体 XYZ：选择零部件并沿装配体的 X、Y 或 Z 方向拖动。图形区域中会显示坐标系以帮助用户确定方向。若要选择沿其拖动的轴，请在拖动前在轴附近单击。
   - 沿实体：选择实体，然后选择零部件并沿该实体拖动。如果实体是一条直线、边线或轴，所移动的零部件具有一个自由度。如果实体是一个基准面或平面，所移动的零部件具有两个自由度。
   - 由 Delta XYZ：在 PropertyManager 中输入 X、Y 或 Z 值，然后单击"应用"按钮，零部件会按照指定的数值移动。
   - 到 XYZ 位置：选择零部件的一点，在 PropertyManager 中输入 X、Y 或 Z 坐标，然后单击"应用"按钮，零部件的点移动到所指定的坐标。如果所选择的项目不是顶点或点，则零部件的原点会被置于所指定的坐标处。

2. 旋转方式
   - 自由拖动：选择零部件并沿任何方向拖动。
   - 对于实体：选择一条直线、边线或轴，然后围绕所选实体拖动零部件。
   - 由 Delta XYZ：在 PropertyManager 中输入 X、Y 或 Z 值，然后单击"应用"按钮，零部件按照所指定角度值绕装配体的轴移动。

7.1.4 配合关系

配合关系是定义零部件之间点、线、面之间的位置关系。装配过程就是设定零件相对于参照零件的几何约束关系，通过约束消除零件的某些自由度，从而使零件有确定的运动方式或空间位置。可能的配合状态有：欠定义、过定义、完全定义，任何情况下零部件都不可以过定义。

每个零件在自由空间里都有 6 个自由度：3 个平面自由度和 3 个旋转自由度。装配过程通过平面约束、直线约束、点约束等几种方式对零件自由度进行限制。

在 SolidWorks 中，配合关系有三大类型：标准配合、高级配合、机械配合。添加配合关系步骤如下：
- 单击"装配体"工具栏的"配合"按钮，弹出"配合"属性管理器。
- 激活"要配合的实体"列表框，在图形区域选择要配合的实体。
- 选择符合设计要求的配合方式。
- 单击"确定"按钮，生成配合方式。

1. 标准配合
   - 重合：将所选面、边线及基准面定位（相互组合或与单一顶点组合），这样它们共享同一个无限基准面。定位两个顶点使它们彼此接触。
   - 平行：使所选项目互相平行。
   - 垂直：使所选项目以彼此 90°角度放置。
   - 相切：将所选项以彼此间相切而放置（至少有一选择项必须为圆柱面、圆锥面或球面）。
   - 同心：将所选项放置于共享同一中心线。
   - 锁定：保持两个零部件之间的相对位置和方向。
   - 距离：将所选项以彼此间指定的距离而放置。

✧ 角度 📐：将所选项以彼此间指定的角度而放置。

对于相同的选择对象和配合类型，又存在"同向对齐"和"反向对齐"两种不同的选项。表 7-1-1 列出了选择两个相同平面并使用不同配合关系的同向对齐和反向对齐选项的差异。表 7-1-2 列出了选择圆柱面与平面或者圆柱面与圆柱面（圆锥面）配合时的同向对齐和反向对齐选项的差异。

表 7-1-1　平面配合的同向对齐和反向对齐

配合关系	同向对齐	反向对齐
重合	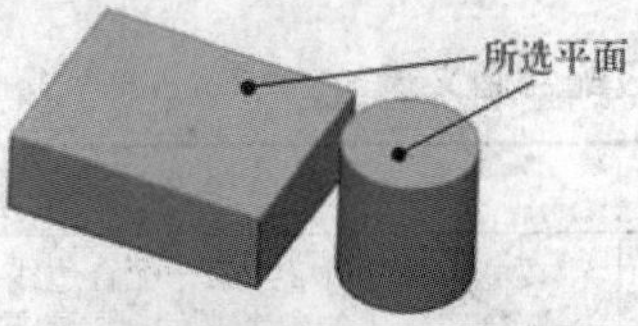	
平行		
距离	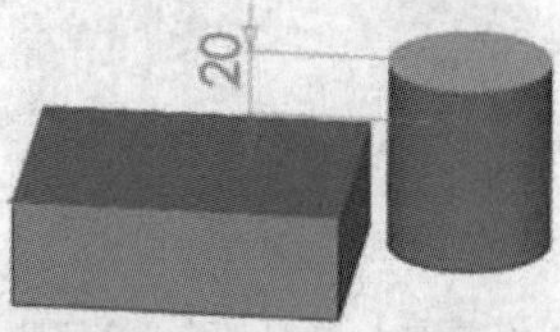	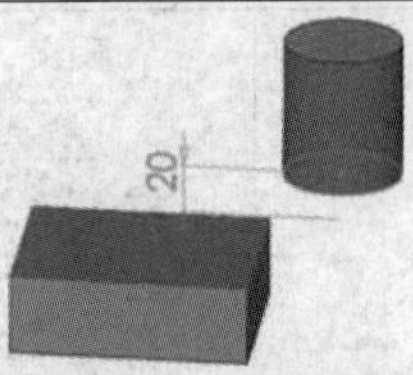
角度		

表 7-1-2　圆柱面与平面配合不同对齐方式示例表

配合关系	同向对齐	反向对齐
同轴心	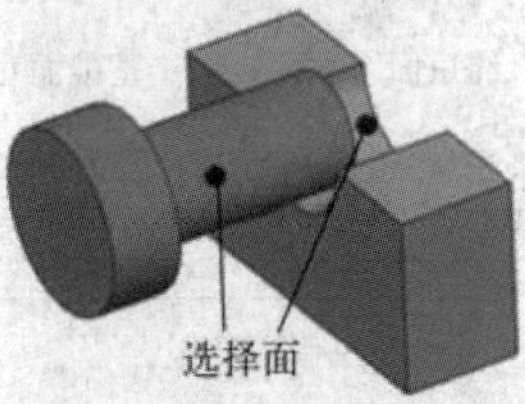	
相切	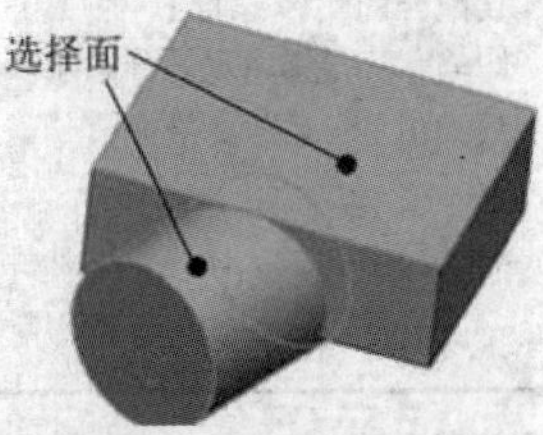	

2. 高级配合

◇ 对称 ▣：对称配合强制会使两个相似的实体相对于零部件的基准面或平面或者装配体的基准面对称。

◇ 宽度 ⫴：将标签置于凹槽宽度内中心。

◇ 路径 ～：将零部件上所选的点约束到路径。

◇ 线性/线性耦合 ⚞：在一个零部件的平移和另一个零部件的平移之间建立几何关系。

◇ 限制 ⊢⊣/⊿：允许零部件在距离配合和角度配合的一定数值范围内移动。

各高级配合涵义和选择对象如表 7-1-3 所示。

表 7-1-3 高级配合涵义表

配合类型	图例	选择对象
对称线性/线性耦合	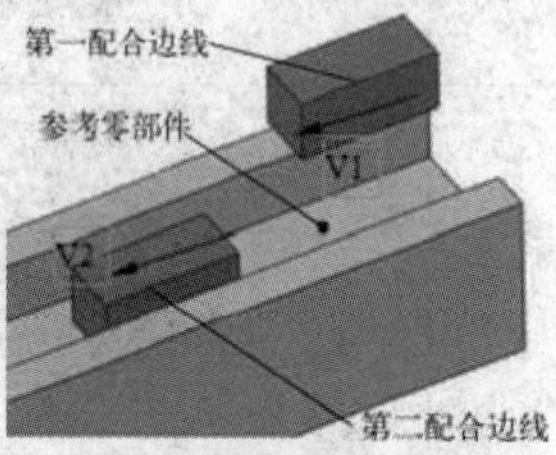 (图示：第一配合边线、参考零部件、第二配合边线)	要配合的实体 1：第一配合边线 配合实体 1 的参考零件：参考零件 要配合的实体 2：第二配合边线 配合实体 2 的参考零件：参考零件 第一比率条目：指定配合实体 1 沿运动方向的位移 1mm 第二比率条目：指定配合实体 2 沿运动方向的位移 2mm
宽度	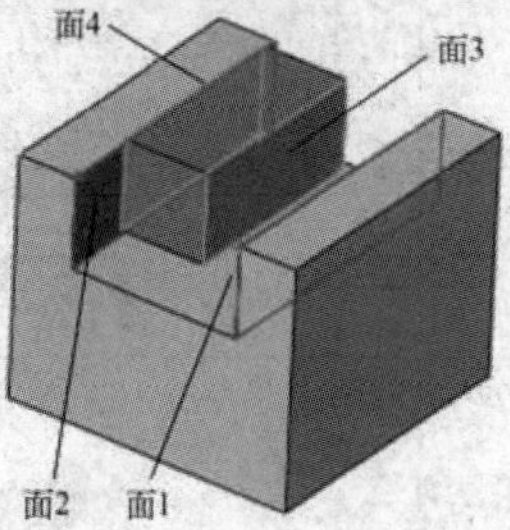 (图示：面1、面2、面3、面4)	宽度选择： 面1、面2 薄片选择： 面3、面4 约束面3、面4的中心在凹槽面1、面2的中心面上。
路径	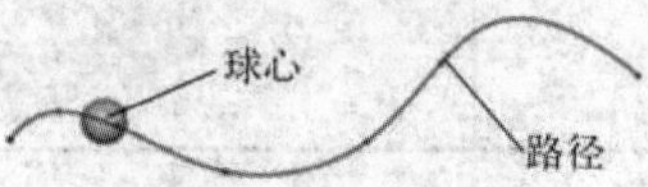 (图示：球心、路径)	零部件顶点：球心 路径选择： 样条曲线 约束球心在样条曲线上运动
对称	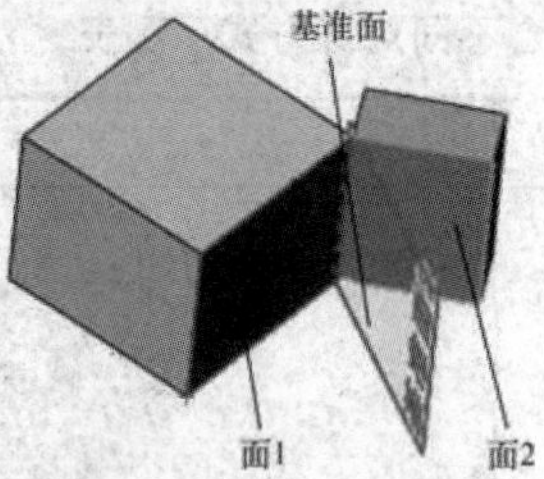 (图示：基准面、面1、面2)	要配合的实体：面 1、面 2（点、线平面、半径相等的球、圆柱可选） 对称基准面： 基准面 约束面 1 和面 2 关于基准面对称 注意： 只是所选对象关于基准面对称，而不是整个零件。
限制	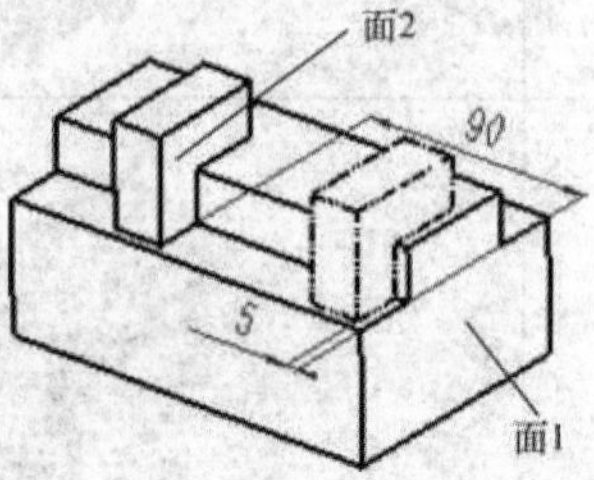 (图示：面1、面2、90、5)	要配合的实体：面1、面2 距离 ⊢⊣/⊿：定义开始距离/角度 最大值 ⊤：距离最大值 最小值 ⊥：距离最小值 约束面 2 在最大距离和最小距离间移动

3. 机械配合

- ✧ 凸轮 ⌀：迫使圆柱、基准面或点与一系列相切的拉伸面重合或相切。
- ✧ 槽口 ⌀：将螺栓或槽口运动限制在槽口孔内。
- ✧ 铰链 ⌀：将两个零部件之间的移动限制在一定的旋转范围内，其效果相当于同时添加同心配合和重合配合。此外还可以限制两个零部件之间的移动角度。
- ✧ 齿轮 ⌀：强迫两个零部件绕所选轴彼此相对而旋转。
- ✧ 齿条和齿轮 ⌀：一个零件（齿条）的线性平移引起另一个零件（齿轮）的周转，反之亦然。
- ✧ 螺旋 ⌀：将两个零部件约束为同心，并且在一个零部件的旋转和另一个零部件的平移之间添加纵倾几何关系。
- ✧ 万向节 ⌀：一个零部件（输出轴）绕自身轴的旋转是由另一个零部件（输入轴）绕其轴的旋转驱动的。

各机械配合的涵义和选择对象示例如表 7-1-4 所示。

表 7-1-4 机械配合选择对象图例

配合类型	图 例	选择对象
凸轮	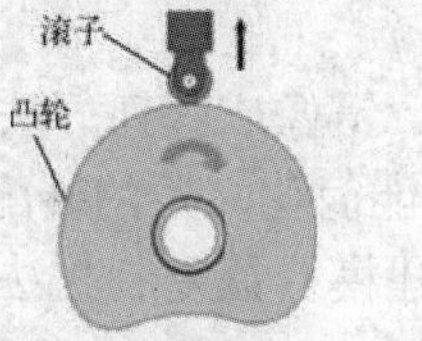 （滚子、凸轮图示）	要配合的曲面：凸轮曲面（须连续相切的曲面） 凸轮推杆：滚子曲面（平面、点可选） 约束滚子曲面始终与凸轮曲面相切
槽口	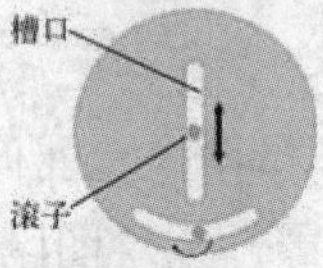 （槽口、滚子图示）	要配合的实体：滚子圆柱面、槽口内表面（只能是直槽和圆弧槽） 约束圆柱面在槽口内移动
铰链	 （铰链图示）	同轴心选择：两圆柱面 重合选择：两平面或点 角度选择：选择两个平面 距离 ⌀：定义开始距离/角度 最大值 ⌀：距离最大值 最小值 ⌀：距离最小值
齿轮	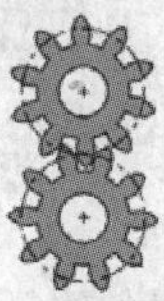 （齿轮图示）	要配合的实体：圆柱面、圆锥面、轴和线性边线 比率：软件根据您所选择的圆柱面或圆形边线的相对大小来指定齿轮比率。此数值为参数值。您可以覆盖数值 齿轮配合无法避免零部件之间的干涉或碰撞
齿条和齿轮	 （齿条和齿轮图示，小齿轮节圆、齿条节圆） 齿轮和齿条配合无法避免零部件之间的干涉或碰撞	齿条：选择线性边线 小齿轮/齿轮：选择圆柱面、圆形或圆弧边线、草图圆或圆弧、轴或旋转曲面 小齿轮距直径：所选小齿轮的直径出现在方框中 齿条行程/转数：所选小齿轮直径与 π 的乘积出现在方框中

续表

配合类型	图 例	选 择 对 象
螺旋	螺旋配合无法避免零部件之间的干涉或碰撞	要配合的实体：两螺纹的轴线或圆柱面 圈数/mm：为其他零部件平移的每个长度单位设定一个零部件的圈数 距离/圈数：为其他零部件的每个圈数设定一个零部件平移的距离
万向节		要配合的实体：圆柱面或圆柱面轴线 约束一个万向节的旋转带动另一个万向节的旋转

4．编辑配合关系

在装配设计树中，弹开配合项目图标 Mates，用鼠标右键单击不同的配合关系图标，在弹出的快捷菜单中选择"编辑特征"命令按钮，弹出"配合关系"对话框，修改配合关系类型、选择的几何对象、更改配合参数。

7.1.5 装配中的零件操作

装配中的零部件操作包括：利用复制、镜像或阵列方法生成重复零部件；在装配体中修改编辑零部件；通过隐藏/显示零部件的功能简化复杂的装配体。

阵列方法生成重复零部件操作方法与建模特征复制方法相似，这里只介绍几种常见的复制零件的方法。

1．单一零部件的复制

SolidWorks 可以复制在装配体文件中已经存在的零部件，按住 Ctrl 键，在绘图区选择零件或选择装配设计树下零件的名称，并拖动零件至绘图区域中需要的位置，释放鼠标，即可实现零件的复制。此时在设计树下添加一个相同的零件，在零件名称后存在一个引用次数的注释，如图 7-1-10 所示。

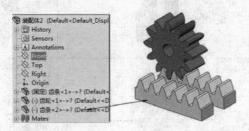

图 7-1-10 单一零件的复制

2．零件的线性阵列

在装配体中，可以在一个或两个方向上生成复制零部件，创建过程如下：

单击"装配体"工具条中的"线性零部件阵列"按钮 （或选择菜单栏中"插入"｜"零部件阵列（P）"｜"线性阵列（L）"），弹出"线性阵列"属性管理器。在该属性管理器中设置参数，根据阵列的要求不同，可以只阵列源零件，也可以跳过部分的实例，如图 7-1-11 (a)、(b)、(c) 所示。

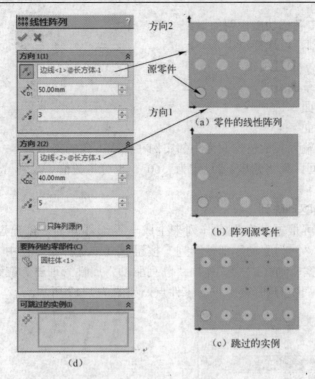

图 7-1-11 零件的线性阵列

3．零件的圆周阵列

在装配体中，可以在圆周方向上生成复制零部件。创建过程如下：单击"装配体"工具条中的"圆周零部件阵列"按钮 ，（或选择菜单栏中"插入"|"零部件阵列（P）"|"圆周阵列（R）"），弹出"圆周阵列"属性管理器。在该属性管理器中设置如图 7-1-12 所示的参数，根据阵列的要求不同，在圆周可等间距阵列，也可非等间距阵列，也可以跳过部分的实例，如图 7-1-12（a）、（b）所示。

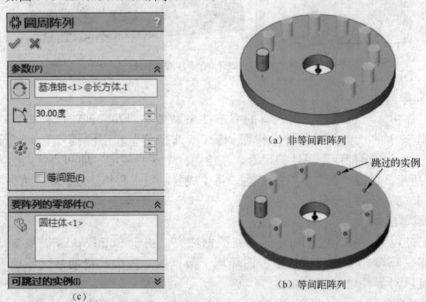

图 7-1-12 零件的圆周阵列

该属性管理器中各选功能说明如下。
(1) 对于阵列轴，可选择以下之一：
◇ 圆形边线或草图直线。
◇ 线性边线或草图直线。
◇ 圆柱面或曲面。
◇ 旋转面或曲面。
(2) 为角度 输入一数值，此为相邻实例在圆周方向的夹角。
(3) 选择"等间距"将角度 设定为 360°，也可将数值更改到另一数值，阵列会沿总角度均等放置。

4. 零件的特征驱动阵列

在装配体中，可根据一个现有阵列来生成一零部件阵列，创建过程如下：单击"装配体"工具条中的"阵列驱动零部件阵列"按钮 (或选择菜单栏中"插入"｜"零部件阵列（P）"｜"图案驱动（P）")，弹出"阵列驱动"属性管理器。在绘图区中选择要阵列的零件和驱动特征，也可选择要跳过的零件点，如图 7-1-13 所示，

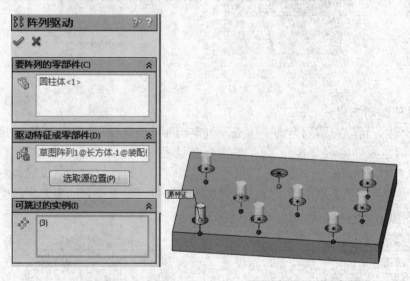

图 7-1-13　零件的特征驱动阵列

5. 镜向零部件

在装配体中，可以通过镜向现有的零部件来添加零部件。创建过程如下：单击"装配体"工具条中的"镜向零部件"按钮 (或选择菜单栏中"插入"｜"镜向零部件（R）")，弹出"镜向零部件"属性管理器。在绘图区中选择镜向平面和要镜向的零部件，如图 7-1-13 所示，单击"下一步"按钮 ，可生成复制版本和相反方位版本两种镜向零件，如图 7-1-14（a）、(b) 所示。

6. 编辑零部件

在装配过程中，零件模型间可能存在数据冲突，由于 SolidWorks 提供参数化的零件模型，在零件环境、装配环境、工程图环境下数据共享，因此借助装配环境下的"编辑零部件"可以对零件进行修改编辑。

(1) 在装配设计树下（或在绘图区）用鼠标右键单击需要编辑的零部件，在弹出的快捷

菜单中选择"编辑零部件"命令，激活该零件，软件界面特征工具条激活，装配工具条变灰，其他零件呈透明状。

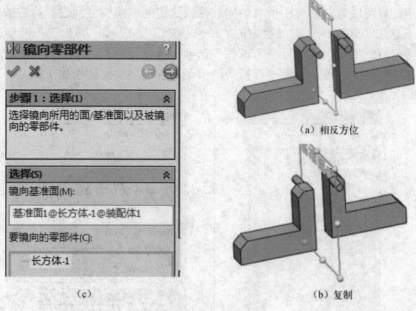

图 7-1-14　镜向零部件

（2）单击该零件前的符号⊞，选择该零件中需要编辑的特征，再根据需要对零件进行编辑。

（3）完成零件编辑后，单击"装配体"工具栏上的"编辑零部件"按钮，结束编辑零件，重新进入装配环境下。

7. 显示/隐藏零部件

为了方便装配和在装配体中编辑零部件，可以将影响视线的零部件隐藏起来。

（1）隐藏零部件。在装配设计树中用鼠标右键单击需要隐藏的零部件，在弹出的快捷菜单中选择"隐藏零部件"命令。在设计树中，零件呈现透明状，在绘图区中，零部件被隐藏。

（2）显示零部件。在设计树中用鼠标右键单击已被隐藏的零部件，在快捷菜单中选择"显示零部件"命令，则零部件恢复显示。

7.1.6　干涉检查

干涉检查用于识别零部件之间的干涉，并帮助检查和评估这些干涉。干涉检查对复杂的装配体非常有用。在这些装配体中，通过视觉检查零部件之间是否有干涉非常困难，借助干涉检查，可以达到如下目的：

◇　确定零部件之间的干涉。
◇　将干涉的真实体积显示为上色体积。
◇　更改干涉和非干涉零部件的显示设定，以更好地查看干涉。
◇　选择忽略要排除的干涉，如压入配合以及螺纹扣件干涉等。

◇ 选择包括多实体零件内实体之间的干涉。
◇ 选择将子装配体作为单一零部件处理，因此不会报告子装配体零部件之间的干涉。
◇ 区分重合干涉和标准干涉。

静态干涉检查可以对装配体中所有的零部件或选定的零部件之间进行静态的干涉检查。检查方法如下单击"装配体"工具栏中的"干涉检查"按钮，弹出"干涉检查"属性管理器，如图 7-1-15 所示。在"所选零部件"选项中选择要检查的零件或装配体，单击"计算"按钮，在"结果"选项中显示干涉检查的结果。各选项功能说明如下：

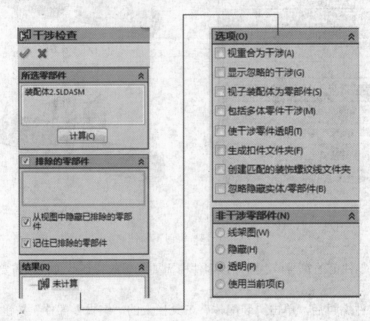

图 7-1-15 "干涉检查"属性管理器

（1）所选零部件。要检查的零部件 显示选中用于干涉检查的零部件。默认情况下，除非用户预选了其他零部件，否则将显示顶层装配体。当检查一装配体的干涉情况时，其所有零部件将被检查。如果选择单个零部件，则仅会报告涉及该零部件的干涉。如果选择两个或两个以上零部件，则仅会报告所选零部件之间的干涉。

（2）计算：单击该按钮则进行检查干涉。

（3）排除的零部件。选择"排除的零部件"以激活此组命令，会列举出选择要排除的零部件。

◇ 在视图中隐藏已排除的零部件：用于隐藏选定的零部件，直至关闭 PropertyManager。
◇ 记住已排除的零部件：用于保存零部件列表，使其在下次打开 PropertyManager 时被自动选定。

（4）结果。用于显示检测到的干涉。每个干涉的体积会出现在每个列举项的右边。当在结果下选择一干涉时，干涉将在图形区域中会以红色高亮显示。

（5）忽略/解除忽略。单击该按钮后为所选干涉在忽略和解除忽略模式之间转换。如果干涉设为忽略，则会在以后的干涉计算中保持忽略。

（6）零部件视图：按零部件名称而不按干涉号显示干涉。

① 选项。

◇ 视重合为干涉：将重合实体报告为干涉。
◇ 显示忽略的干涉：选择在结果清单中以灰色图标显示忽略的干涉。当清除此选项时，忽略的干涉将不会列出。
◇ 视子装配体为零部件：当选择此项时，子装配体被看成是单一零部件，这样子装配体的零部件之间的干涉将不报出。
◇ 包括多实体零件干涉：报告多实体零件中实体之间的干涉。
◇ 使干涉零件透明：透明模式显示所选零部件相互干涉。
◇ 生成扣件文件夹：将扣件（如螺母和螺栓）之间的干涉隔离至结果中命名为扣件的单独文件夹。
◇ 创建匹配装饰螺纹线文件夹：在结果中，将带有适当匹配装饰螺旋纹线的零部件之间的干涉隔离至命名为匹配装饰螺纹线的单独文件夹。
由于螺纹线不匹配、螺纹线未对齐或其他干涉几何体造成的干涉仍然将会列出。
◇ 忽略隐藏的实体/零部件，从结果中排除以下内容：涉及已隐藏的零部件（包括通过隔离命令隐藏的零部件）的干涉；多实体零件的隐藏实体和其他零部件之间的干涉。
◇ 非干涉零部件：表示非干涉零部件的显示模式，即线架图、隐藏、透明、使用当前项。

7.1.7 装配体爆炸视图

爆炸视图显示分散但已定位的装配体，以便说明它们在装配时是如何组装在一起的。可以通过在图形区域中选择和拖动零件来生成爆炸视图，也可以自动爆炸视图，从而生成一个或多个爆炸步骤。

在爆炸视图中可以实现如下目的：
◇ 均分爆炸成组零部件（器件、螺垫等）。
◇ 附加新的零部件到另一个零部件的现有爆炸步骤。如果要添加一个零件到已有爆炸视图的装配体中，这个方法很有用。
◇ 如果子装配体有爆炸视图，那么可在更高级别的装配体中重新使用此爆炸视图。
◇ 添加爆炸直线以表示零部件关系。
◇ 装配体爆炸时，不能给装配体添加配合。

1. 自动爆炸装配体视图

单击"装配体"工具栏中的"爆炸视图"按钮，弹出"爆炸"属性管理器，如图 7-1-16 所示。在"选项"选项组中钩选"拖动后自动调整零部件间距"复选框，激活"设定"栏，在图形区域中框选所有零部件，并设定爆炸距离和爆炸方向，再单击"应用"按钮，完成自动爆炸，如图 7-1-17 所示。自动爆炸只能沿某一方向移动零件，而不能旋转爆炸零部件。另外自动爆炸比较适用沿一轴线方向装配的零件，其他装配关系的装配体不一定适合运用。

2. 自定义爆炸装配体视图

单击"装配体"工具栏中的"爆炸视图"按钮，弹出"爆炸"属性管理器，如图 7-1-16 所示。第一个爆炸步骤选取一个或多个零部件，在该属性管理器中，零部件将显示在"爆炸步骤的零部件"中，同时旋转和轴控标出现图形区域中，如图 7-1-18 所示。根据需要选择旋转控标或轴控标，以拖曳的方式将零件移到合适位置定位或旋转合适的角度。同时在"爆炸步骤（S）"栏中出现"爆炸步骤 1"，同样方法移动或旋转其他零件至合适位置，在"爆炸步骤（S）"栏中出现"爆炸步骤2、爆炸步骤3、爆炸步骤4……"，如图 7-1-19 所示。

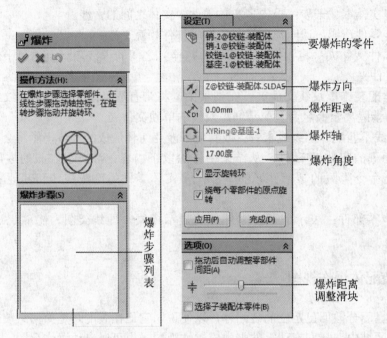

图 7-1-16 "爆炸"属性管理器

图 7-1-17 自动爆炸零件

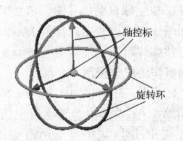

图 7-1-18 旋转及平移控标

要移动和对齐控标，可进行如下操作：
（1）拖动中心球。
（2）按住 Alt 键并拖动中心球或臂杆将其放在边线或面上，以使轴控标对齐该边线或面。
（3）按住 Alt 键并拖动中心球或圆圈将其放在曲边或曲面上，以使旋转控标对齐该曲边或曲面。

（4）光标移至中心球并单击鼠标右键，在弹出的快捷菜单中选择下列三项之一"对齐到…（J）"、或"与零部件原点对齐（K）"、或"与装配体原点对齐（L）"。

（5）在 PropertyManager 的设置下，选择绕每个零部件的原点旋转。

3. 爆炸视图的显示配置

上述爆炸视图生成后，"爆炸步骤"列表显示在"配置管理器"中指定的配置下，如图 7-1-20 所示。

单击"配置管理器"标签，打开默认的装配体配置。再用鼠标单击"爆炸视图 1"，在弹出的快捷菜单中可以选择如下操作。

◇ 解除爆炸视图（A）：选择后，图标转成灰色，处于不激活状态。
◇ 动画解除爆炸（B）：可以动画演示爆炸步骤，还可以将此保存成*.AVI 格式视频文件。

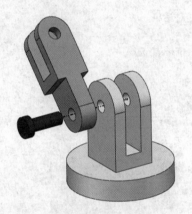

图 7-1-19 自定义爆炸视图

图 7-1-20 爆炸视图配置显示

◇ 删除该爆炸视图。
◇ 编辑特征：重新编辑爆炸设计中的各个参数。

7.1.8 轻化零部件

轻化零部件是指只将模型的部分数据装入内存，其余数据将根据需要装入。

通过使用轻化零部件，可以显著提高大型装配体的性能。使用轻化的零件装入装配体比使用完全还原的零部件装入同一装配体速度更快。因为计算的数据更少，包含轻化零部件的装配体的重建速度将更快。

轻化零部件的方法有两种：

（1）手动打开带有轻化零部件的装配体。单击"打开文件"按钮，弹出"打开"对话框，如图 7-1-21 所示。选择作任一装配体文件，在弹出的对话框中选择"轻化"模式，单击"打开"按钮，则装配体以轻化模式打开，此时 FeatureManager 设计树中的零件图标上会出现一个绿色的羽毛，该零件下没有各设计特征，如图 7-1-22 所示。

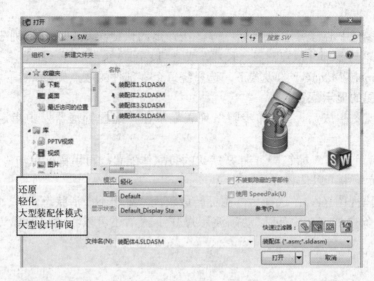

图 7-1-21 "打开"对话框

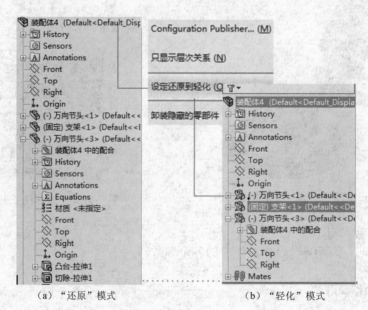

(a) "还原"模式　　　　　　(b) "轻化"模式

图 7-1-22 轻化零部件

若在打开装配体文件对话框中选择"还原"模式，则零件所有数据全部装入装配体，此时将光标移至 FeatureManager 设计树左上角装配体名称处，用鼠标右键单击装配体名称，选择弹出的快捷菜单中的"设定还原到轻化（O）"选项，同样可以轻化零部件，如图 7-1-22 所示。

2. 自动打开带有轻化零部件的装配体

启动 SolidWorks2014 软件，单击"选项"按钮 ，弹出"选项"对话框，接着选择"系统选项（S）"│"性能"│"装配体"│"自动以轻化状态装入零部件（A）"，如图 7-1-23 所示，单击"确定"按钮退出对话框，则装配体自动以"轻化"模式打开。

项目 7 虚拟装配

图 7-1-23 设定自动以"轻化"模式装入零部件

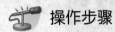 操作步骤

1. 创建装配体文档

启动 SolidWorks 2014 软件，单击"新建"按钮，选择装配体模板 new-gb-assembly.asmdot，单击"确定"按钮，进入装配体模块。继续单击"保存"按钮，保存路径取为 D：\SolidWorks\项目 7\台虎钳，保存名称为台虎钳.SLDASM。

2. 插入零部件

单击"装配体"工具栏中的"插入零部件"按钮，弹出"插入零部件"属性管理器。单击其中的"浏览"按钮，浏览至文件所在位置 D：\SolidWorks\项目 7\台虎钳，选择"固定钳身.sldprt"，如图 7-1-24 所示。单击"打开"按钮，移动光标在绘图区单击，插入第一个零部件，同时在装配设计树中零件名称前有标识"固定"，表明第一个插入的零件是"固定"的，而采用同样方法随后插入的零部件，则是"浮动"的。

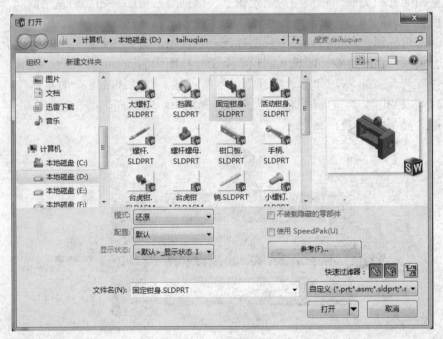

图 7-1-24 插入零部件

3. 添加配合关系

相继插入右垫圈、螺杆、左垫圈、挡圈、销、手柄等零件，按照图 7-1-2 所示，放置在固定钳身附近位置，以方便装配。

（1）单击"配合"按钮◎，弹出"配合"属性管理器。激活"要配合的实体"列表框，再选择面 1 和面 2，此时会弹出两面配合关系的选择框，如图 7-1-25 所示。在此选择框中单击"重合"按钮，再单击"确定"按钮✓，添加两面"重合"关系。继续选择面 3 和面 4，同样弹出两面配合关系的选择框，单击"同轴心"按钮◎，再单击"确定"按钮✓，添加两面"同轴心"关系，结果如图 7-1-26 所示。此时，在装配设计树中，右垫圈前还有符号"-"，说明右垫圈还有一"旋转"自由度。

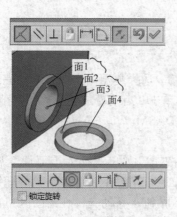 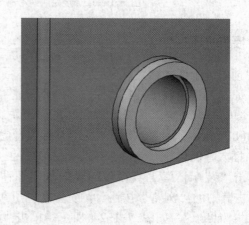

图 7-1-25 添加配合关系　　　　　图 7-1-26 装配右垫圈

与右垫圈配合相类似，左垫圈与固定钳身、螺杆与右垫圈、挡圈与左垫圈间都有两个配合关系：面重合和同轴心，装配效果如图 7-1-27 所示。

（2）装配定位销。由于在挡圈中还要插入一定位销，给螺杆和挡圈定位，因此，还要添加两个配合关系：挡圈与螺杆间锥孔同轴心及销与挡圈间的面重合。

单击"配合"按钮◎，弹出"配合"属性管理器。激活"要配合的实体"列表框，选择锥孔面 1 和锥孔面 2，在弹出的配合关系选择框中单击"同轴心"按钮◎，再单击"确定"按钮✓，结果如图 7-1-28 所示。

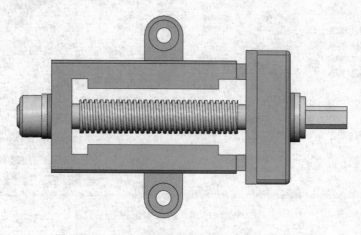

图 7-1-27 添加左垫圈、螺杆、挡圈的配合关系

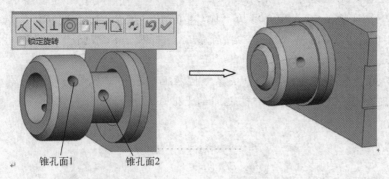

图 7-1-28 添加两锥孔"同轴心"关系

单击"配合"按钮,弹出"配合"属性管理器。激活"要配合的实体"列表框,选择锥孔面 1 和销锥面,在弹出的配合关系选择框中单击"重合"按钮,若需要,同时单击"反向对齐"按钮,再单击"确定"按钮,结果如图 7-1-29 所示。

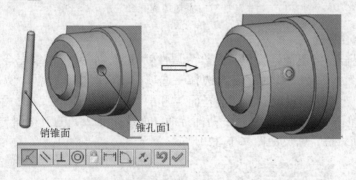

图 7-1-29 装配定位销

(3)装配手柄。手柄与螺杆的装配关系,是三组面的"重合"关系。

单击"配合"按钮,弹出"配合"属性管理器。激活"要配合的实体"列表框,分别选择面 a 与面 1 重合、面 b 与面 3 重合、面 c 与面 2 重合,最后单击"确定"按钮,结果如图 7-1-30 所示。至此,螺杆与手柄还有一个旋转自由度。

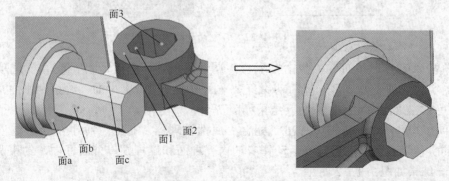

图 7-1-30 装配手柄

(4)安装螺杆螺母。按照上述步骤插入螺杆螺母、活动钳身、大螺钉,放置在固定钳身附近位置。

单击"配合"按钮,弹出"配合"属性管理器。打开"机械配合"选项,选中其中的"螺旋配合"按钮，输入配合参数"10 圈/mm"，在"要配合的实体"选择框中分别选中"面1"和"面2"，单击"确定"按钮，螺杆和螺母添加了"螺旋配合"关系，如图7-1-31所示。

💡提示：螺旋配合实现两个约束关系：圆柱面同轴心、螺母与螺杆的螺旋运动
添加螺旋配合后，无法避免零部件之间的干涉或碰撞。

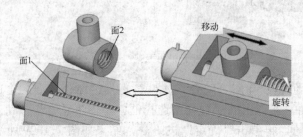

图 7-1-31 添加螺旋配合关系

（5）安装活动钳身。

① 单击"配合"按钮，弹出"配合"属性管理器。打开"高级配合"选项，选中其中的"等宽配合"按钮，此时"配合选择"选项中出现两个选择框：宽度选择、薄片选择。"宽度选择"选择两"宽度面"即选择面1和面2；"薄片选择"选择两"薄片面"即选择面3和面4，单击"确定"按钮，两薄片面（面1和面2）的对称面与两宽度面（面3和面4）的对称面重合，结果如图7-1-32所示。

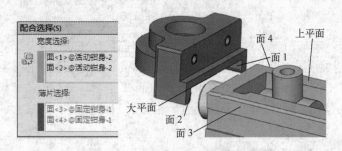

图 7-1-32 装配活动钳身

② 单击"配合"按钮，弹出"配合"属性管理器。打开"标准配合"选项，激活"要配合的实体"列表框，再选择活动钳身大平面与固定钳身上平面，约束两平面重合，若有必要，可单击"反向对齐"按钮。结果如图7-1-32所示。

③ 单击"配合"按钮，弹出"配合"属性管理器。打开"标准配合"选项，激活"要配合的实体"列表框，再选择活动钳身的内孔柱面和螺杆螺母外圆柱面，约束两圆柱面"同轴心"。结果如图7-1-32所示。

这样，活动钳身只剩一平移的自由度。

（6）安装大螺钉。单击"配合"按钮，弹出"配合"属性管理器。打开"标准配合"选项，激活"要配合的实体"列表框。像右垫圈装配一样，添加大螺钉端面与活动钳身内孔端面"重合"关系，大螺钉外圆柱面与活动钳身内孔圆柱面"同轴心"关系。结果如图 7-1-33

所示。

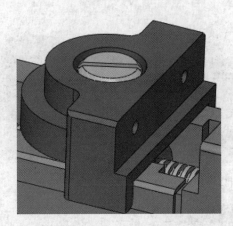

图 7-1-33 安装大螺钉

（7）安装钳口板子装配体。按照上述步骤插入钳口板子装配体，按 Ctrl 键，选择插入的钳口板子装配体拖曳再次插入一个子装配体，放置在安装位置附近。

单击"配合"按钮，弹出"配合"属性管理器。打开"标准配合"选项，激活"要配合的实体"列表框，选择面 1 和面 2，添加两面的"重合"关系；选择孔 1 圆柱面与柱面 1，添加两面"同轴心"关系，同样添加孔 2 圆柱面与柱面 2 两面"同轴心"关系。结果如图 7-1-34 所示。

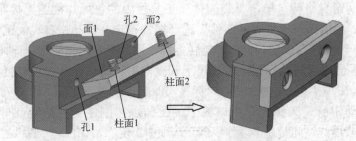

图 7-1-34 安装钳口板子装配体

按上述同样步骤，安装另一个钳口板子装配体在固定钳身上，如图 7-1-35 所示。

单击"配合"按钮，弹出"配合"属性管理器。打开"高级配合"选项，再单击"限制配合"按钮，在"要配合的实体"选项中选择钳口板的前端面，输入距离最大值 65mm，距离最小值 10mm，即两相对的钳口板间的间距在 10~65mm 之间变化。单击"确定"按钮，完成钳口板间"限制配合"关系，如图 7-1-36 所示。

4. 创建台虎钳装配体爆炸视图

（1）新建爆炸视图配置。单击装配设计树中"配置管理器"图标，用鼠标右键单击配置管理器下的 台虎钳1 配置 (Default) 标签，在弹出的快捷菜单中选择 添加配置...(M)，弹出"添加配置"属性管理器，如图 7-1-37 所示。在"配置属性"中输入"爆炸视图"字样，单击"确定"按钮，退出属性管理器。在配置管理器中增加了"爆炸视图"的配置。这样，台虎钳装配图和爆炸视图分别在同一文件的两个配置下。

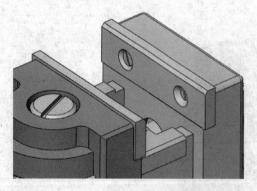
图 7-1-35 安装另一侧的钳口板子装配体

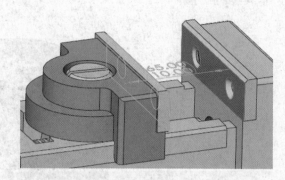
图 7-1-36 添加"限制配合"关系

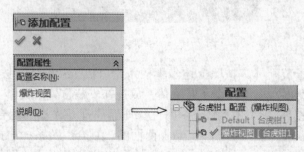
图 7-1-37 爆炸视图配置

（2）爆炸活动钳身组件。单击"装配体"工具栏中的"爆炸视图"按钮，弹出"爆炸"属性管理器。激活"爆炸步骤零部件"选择框，再选择活动钳身、大螺钉、螺杆螺母、钳口板子装配体，绘图区会出现轴控标和旋转控标，用鼠标左键按住 Z 向轴控标并向 Z 向拖动，此时在绘图区会出现移动标尺，依标尺上刻度向上移动 20mm，松开鼠标，此时在"爆炸步骤"选项下会出现"爆炸步骤1"标签，即第一步爆炸完成，如图 7-1-38 所示。

继续选择活动钳身、大螺钉、钳口板子装配体，按刚才的方法沿 Z 向轴控标移动约 30mm，完成第二步爆炸，此时在"爆炸步骤"选项中出现"爆炸步骤2"。

如此依次，拖动大螺钉沿 Z 向轴控标移动约 30mm，完成第三步爆炸。拖动钳口板子装配体沿 X 向轴控标移动约 20mm，完成第四步爆炸。拖动两小螺钉沿 X 向轴控标移动 15mm，完成第五步爆炸。

拖动与固定钳身相配的钳口板子装配体沿-X 向轴控标移动约 20mm，完成第六步爆炸。拖动两小螺钉沿-X 向轴控标移动约 20mm，完成第七步爆炸。爆炸效果如图 7-1-39 所示。

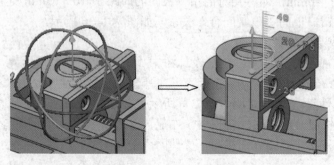
图 7-1-38 第一步爆炸

项目7 虚拟装配

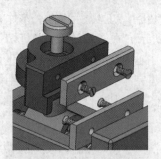

图 7-1-39 爆炸活动钳身组件

（3）爆炸螺杆组件。依照上述方法，拖动螺杆右侧组件：右垫圈、手柄、螺杆，向右沿X向轴控标拖动至合适位置，如图 7-1-40 所示。

① 旋转手柄。在"爆炸"属性管理器中，选中手柄，绘图区出现移动和旋转控标，用鼠标右键选择控标中心球，弹出快捷菜单选择"移动到选择……（I）"，再选择手柄一圆柱边线，将控标中心球移动至手柄旋转中心点，如图 7-1-40 所示。用鼠标左键拖动旋转控标逆时针旋转若干角度，将手柄旋转向下放置，如图 7-1-41 所示。完成第十一步爆炸，在"爆炸步骤"选项中出现"🗀 爆炸步骤11"。

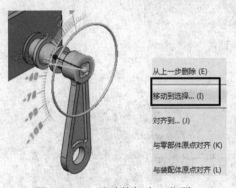

图 7-1-40 移动控标中心位置

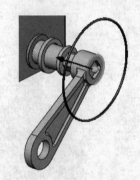

图 7-1-41 旋转爆炸手柄

② 移动定位销。在"爆炸"属性管理器中，选中左垫圈、挡圈、销，拖动三零件向-X向移动至合适位置，如图 7-1-42 所示。

单独选择销零件，在"爆炸"属性管理器的"设定"选项中，钩选"绕每个零部件的原点旋转"，则移动和旋转控标中心球移至销的原点，控标 Z 轴销轴线对齐。此时，拖动控标Z 轴向-Z 向移动约 40mm，完成第十四步爆炸，如图 7-1-43 所示。

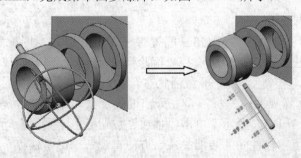

图 7-1-43 爆炸定位销

（4）添加爆炸直线。单击"装配"工具栏上的"爆炸直线草图"按钮，弹出"步路线"属性管理器，如图 7-1-44 所示。在"要连接的项目"选项中选择两圆弧边线，此时在绘图区中会出现箭头，表示绘制中心线方向。必要时，也可单击"反向"按钮。单击"确定"按钮后，爆炸直线草图创建完毕，爆炸直线草图用中心线表示，如图 7-1-45 所示。在"配置"管理器的"爆炸视图配置"中出现爆炸直线草图标签 (-) 3D爆炸2。

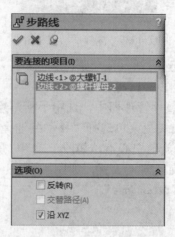

图 7-1-44 "步路线"属性管理器

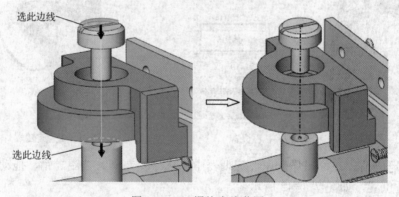

图 7-1-45 爆炸直线草图

其他爆炸直线草图创建方法与此类似，在此不再一一细述。创建的最终效果图如图 7-1-46 所示。

（5）动画爆炸视频创建。

① 若装配体处于爆炸状态，则弹开配置管理器中的爆炸视图配置，用鼠标右键单击"爆炸视图 1"，在弹出的快捷菜单中选择"解除爆炸（A）"，则爆炸视图被抑制，配置管理器中的"爆炸视图 1"呈灰色，处于非激活状态。

② 右键单击"爆炸视图 1"标签，在弹出的快捷菜单中选择"动画爆炸（B）"，弹出"动画控制器"，如图 7-1-47 所示。单击"播放"按钮后，绘图区会动画播放爆炸视图生成的过程，清晰地表达了零件件间的装配关系，方便直观。单击"保存"按钮，可以将动画视频保存在指定的文件夹下。

项目7 虚拟装配

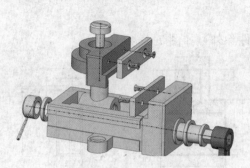

图 7-1-46 爆炸效果图

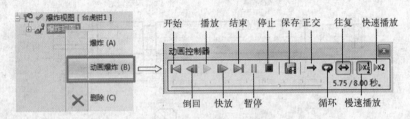

图 7-1-47 动画控制器

重点串联

台虎钳自底向上装配关键步骤如图 7-1-48 所示。

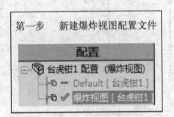

第一步 新建爆炸视图配置文件

第二步 爆炸活动钳身组件

第三步 爆炸螺杆组件

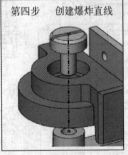

第四步 创建爆炸直线

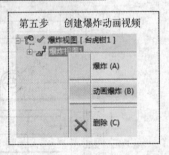

第五步 创建爆炸动画视频

图 7-1-48 台虎钳自底向上装配关键步骤图

附装配零件图

台虎钳零件图（标准件除外）如图 7-1-49 所示。

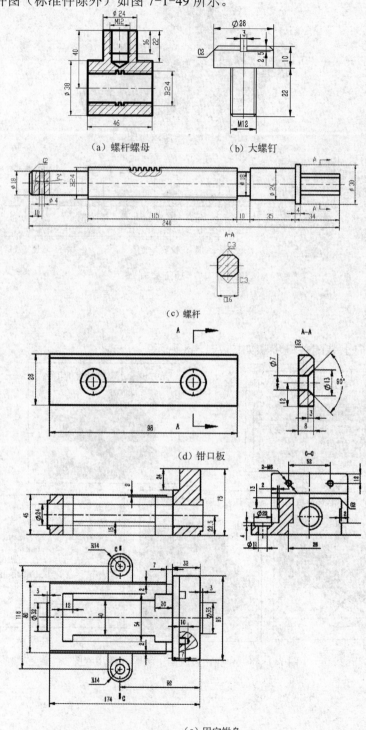

图 7-1-49 台虎钳零件图

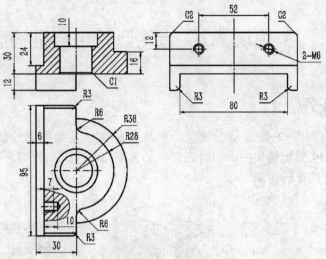

(f) 活动钳身

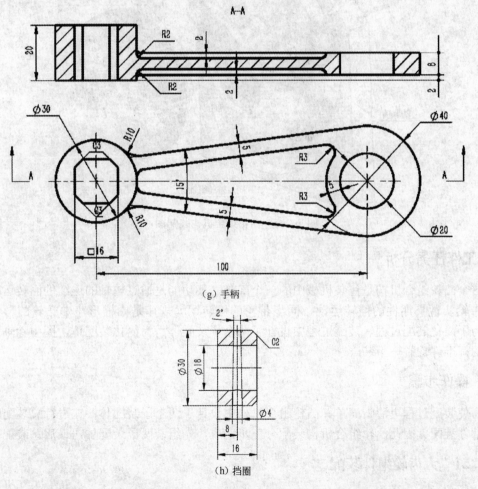

(g) 手柄

(h) 挡圈

图 7-1-49 台虎钳零件图（续）

模块 7.2　齿轮凸轮组合机构虚拟装配

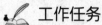 工作任务

正确分析图 7-2-1 所示凸轮组合机构装配体中各零件间的装配关系及装配顺序，在 SolidWorks2014 装配模块中，用自底向上的装配方法完成凸轮组合机构的装配，使同步带轮能实现周期性的停转运动。

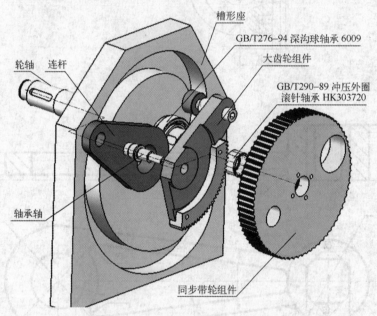

图 7-2-1　凸轮组合机构装配图

 工作任务分析

这个凸轮组合机构是包装机械中的一个部分，其功能是通过轮轴的连续的回转运动，使同步带轮实现周期性的停转运动，同步带轮的停转运动规律是由槽形座中凸轮的形状决定的。为了简化装配过程，装配过程中设计了两个子装配体。为简化装配体，图中除轴承外，其余的标准件均省略不装。

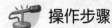 操作步骤

为使装配过程更清晰简单，凸轮组合机构中设计了两个子装配体，在进行总装配时作为一个部件装配。因此凸轮组合机构装配分三步完成，先组装两子装配体，最后总装配。

7.2.1　大齿轮组件装配

1. 创建大齿轮组件子装配文档

启动 SolidWorks2014 软件，单击"新建"按钮，选择装配体模板 new-gb-assembly。

asmdot,单击"确定"按钮,进入装配体模块。继续单击"保存"按钮,保存路径取D:\SolidWorks\项目7\凸轮组合机构,保存名称:大齿轮组件.SLDASM。

2. 插入零部件

单击"装配体"工具栏中的"插入零部件"按钮,弹出"插入零部件"属性管理器,单击其中的"浏览"按钮,浏览至文件所在位置 D:\SolidWorks\项目7\凸轮组合机构,选择"齿轮座.sldprt",打开该零件。移动光标在绘图区单击,插入第一个零部件,在装配设计树中零件名称前有标识"固定",而用同样方法随后插入的零部件是"浮动"的,表明"浮动"的零件可以装配到"固定"的零件上,如图7-2-2所示。

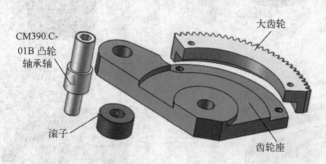

图7-2-2 插入零件部件

3. 添加配合关系

相继插入零件 CM390.C-01B 凸轮轴承轴.sldprt、滚子.Sldprt、大齿轮.Sldprt,放在齿轮座附近,以方便装配,如图7-2-2所示。

单击"配合"按钮,弹出"配合"属性管理器,选择默认的"标准配合",激活"要配合的实体"列表框,选择圆柱面1和圆柱面2,添加两面"同轴心"关系。单击按钮确认配合关系。继续选择平面3和平面4,添加两面"重合"关系,连续单击"确定"按钮,退出"配合"属性管理器,如图7-2-3所示。此时 CM390.C-01B 凸轮轴承轴还有一个自由度,即旋转自由度。

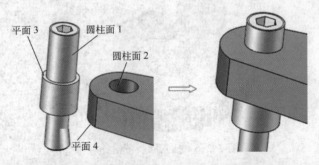

图7-2-3 添加 CM390.C-01B 凸轮轴承轴配合关系

采用同样方法,添加滚子与 CM390.C-01B 凸轮轴承轴的配合关系,圆柱面1与圆柱面2的"同轴心"关系,平面1与平面2的"重合"关系,如图7-2-4所示。

再添加大齿轮与齿轮座的配合关系,孔组1中两圆孔"同轴心"关系;孔组2中两圆孔

"同轴心"关系;平面1与平面2的"重合"关系,如图7-2-5所示。

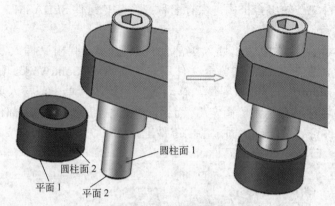

图7-2-4 添加滚子配合关系

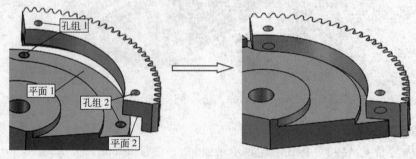

图7-2-5 添加大齿轮配合关系

单击菜单栏上的"保存" 按钮,以备在总装配中时作为一组件使用。

7.2.2 同步带轮组件装配

按照上述同样步骤,创建同步带轮组件子装配体,在新建文档后插入各组件,如图 7-2-6 所示,保存文件至 D:\SolidWorks\项目7\凸轮组合机构\同步带轮组件.SLDASM。

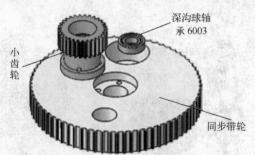

图7-2-6 插入同步带轮各组件

添加轴承端面与小齿轮一平面的"重合"关系,轴承的圆柱面与小齿轮一圆柱面的"同轴心"关系,如图7-2-7所示。

添加小齿轮的一端面与同步带轮的内孔端面的"重合"关系,小齿轮一圆柱面与同步带轮内孔圆柱面的"同轴心"关系,如图7-2-8所示。

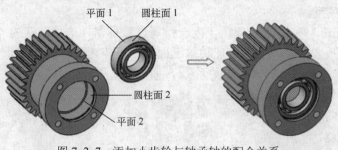

图 7-2-7 添加小齿轮与轴承轴的配合关系

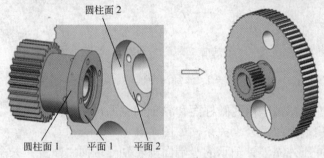

图 7-2-8 添加小齿轮与同步带轮的配合关系

单击菜单栏上的"保存" 按钮,以备在总装配中时作为一组件使用。

7.2.3 凸轮组合机构总装配

1. 创建凸轮组合机构装配文档

启动 SolidWorks2014 软件,创建凸轮组合机构装配文档,保存装配体文档 D:\SolidWorks\项目 7\凸轮组合机构\凸轮组合机构.SLDASM。

2. 插入零部件

单击"装配体"工具栏中的"插入零部件" 按钮,浏览至文件所在位置 D:\SolidWorks\项目 7\凸轮组合机构,分别选择插入的零件:槽形座.sldprt、GB/T276-1994 深沟球轴承 6009.sldprt、轮轴.sldprt、冲压外圈滚针轴承.sldprt、连杆.sldprt、轴承轴.sldprt,其中槽形座呈固定状态,其他零件处于"浮动"状态,如图 7-2-9 所示。

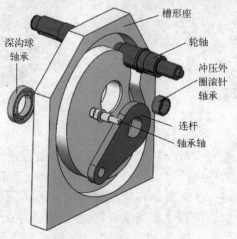

图 7-2-9 插入各零部件

3．添加配合关系

（1）单击"配合"按钮，弹出"配合"属性管理器，选择默认的"标准配合"，激活"要配合的实体"列表框。添加深沟球轴承端面与槽形座内孔一端面"重合"关系，轴承的圆柱面与内孔圆柱面的"同轴心"关系，如图7-2-10所示。

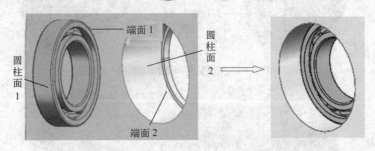

图 7-2-10　添加深沟球轴承配合关系

（2）继续选择深沟球轴承内孔圆柱面和轮轴圆柱面，添加两者"同轴心"关系，添加轴承端面与轮轴一轴肩端面"重合"关系，如图7-2-11所示。

（3）同理添加冲压外圈滚针轴承的一端面与轮轴一端面"重合"关系，添加轴承圆柱面与轮轴一圆柱面"同轴心"关系，如图7-2-12所示。

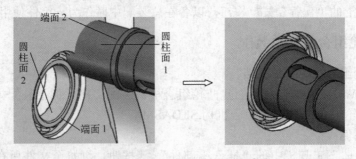

图 7-2-11　添加轮轴配合关系

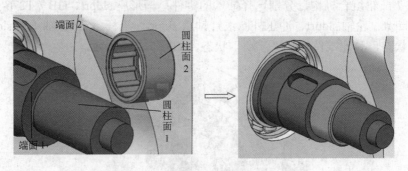

图 7-2-12　添加滚针轴承配合关系

（4）连杆与轮轴之间共有三对配合关系：连杆一端面与轮轴一端面的"重合"关系；连杆内孔圆柱面与轮轴一圆柱面的"同轴心"关系；轮轴上键槽与连杆键槽的"等宽"配合。前二者配合方法与前述方法一致。在完成上述配合关系后，在"配合"属性管理器中把配合类型从"标准配合"切换到"高级配合"，并选择其中的"等宽配合"，此时在"配合选择"有两个选择框被激活，在"宽度选择"选项框中选择面组2中两侧面，即连杆键槽的两侧面；在"薄片选择"选项框中选择面组 1 中两侧面，即轮轴键槽的两侧面。单击"确定"按钮✓后，两组面的对称平面重合，这样连杆与轮轴之间无自由度，即两者相对固定，如图 7-2-13 所示。

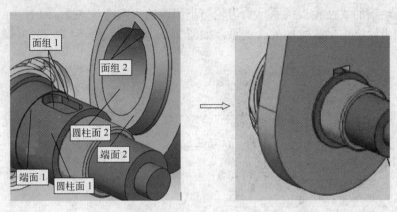

图 7-2-13 添加连杆配合关系

（6）将"配合"属性管理器中的配合类型再切换回"标准配合"，装配轴承轴到连杆上，存在两个配合关系，两平面的"重合"关系，两圆柱面的"同轴心"关系，如图 7-2-14 所示。

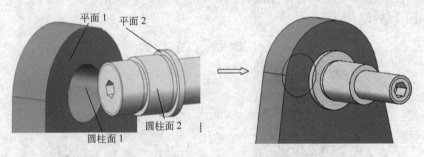

图 7-2-14 添加轴承轴的配合关系

（7）单击"装配体"工具栏中的"插入零部件"按钮，插入同步带轮组件子装配体：同步带轮组件.SLDASM。添加同步带轮组件与槽形座的配合关系，两圆柱面的"同轴心"关系，两平面的"重合"关系，如图 7-2-15 所示。

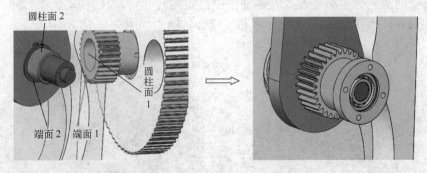

图 7-2-15 添加同步带轮组件配合关系

(8) 单击"装配体"工具栏中的"插入零部件" 按钮,插入同步大齿轮组件子装配体:大齿轮组件.SLDASM,添加大齿轮组件与槽形座的配合关系,共有 4 个配合关系:齿轮座一表面与轴承轴一表面"重合"关系,齿轮座内孔圆柱面与轴承轴圆柱面"同轴心"关系,滚子与凸轮槽的"凸轮"关系,大齿轮与小齿轮的"啮合"关系。

首先添加齿轮座与轴承轴的配合关系,如图 7-2-16 所示。

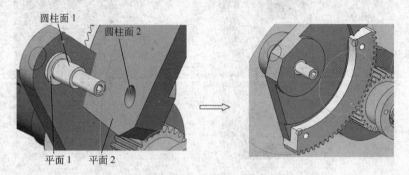

图 7-2-16　添加齿轮座与轴承轴的配合关系

将"配合"属性管理器中的配合类型从"标准配合"切换到"机械配合",并激活"凸轮配合"类型。此时"配合选择"选项中有两个分选项:在"要配合实体"中选择凸轮槽内曲面,在"凸轮推杆"中选择滚子圆柱面,单击"确定"按钮 后,滚子会紧贴着凸轮内槽滚动,如图 7-2-17 所示。

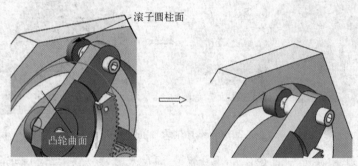

图 7-2-17　添加凸轮与滚子的配合关系

继续在"机械配合"类型中添加两齿轮的啮合关系,激活"齿轮配合"选项,在"配合选择"中选择两齿轮分度圆(预先在零件图中已绘制),两齿轮的传动比率 190:60,单击"确定"按钮 后,两齿轮就按上述比率相互啮合转动,如图 7-2-18 所示。

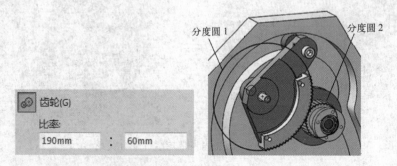

图 7-2-18　添加两齿轮的"啮合"关系

单击菜单栏上的"保存" 按钮,保存装配体文件,至此,凸轮组合机构装配完毕。连续转动中间的轮轴,与轮轴固连的连杆带动齿轮座转动,因为凸轮机构与齿轮机构的联合作用,实现同步带轮的周期性的停歇运动,停歇运动的规律由凸轮的形状决定。

重点串联

凸轮组合机构装配的关键步骤如图 7-2-19 所示。

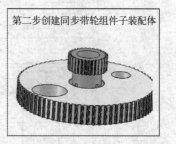

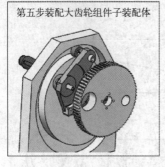

图 7-2-19 凸轮组合机构装配的关键步骤

附装配零件图

凸轮组合机构零件图如图 7-2-20 所示。

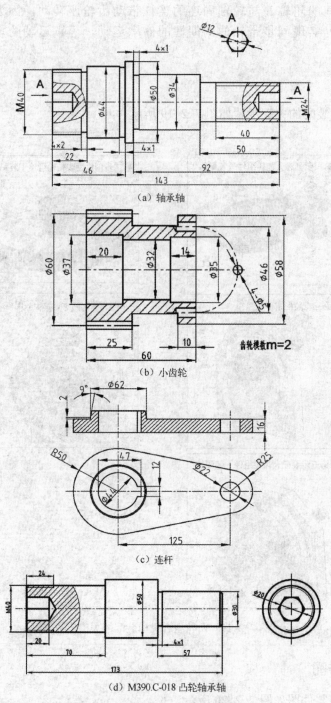

图 7-2-20 凸轮组合机构零件图

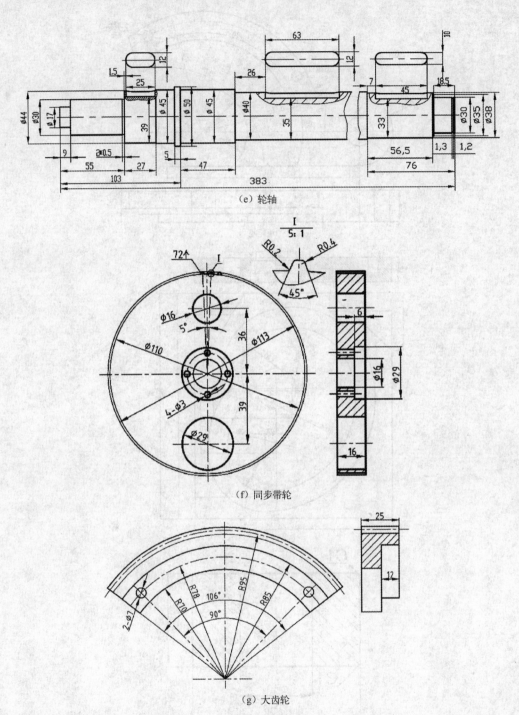

(e) 轮轴

(f) 同步带轮

(g) 大齿轮

图 7-2-20 凸轮组合机构零件图（续）

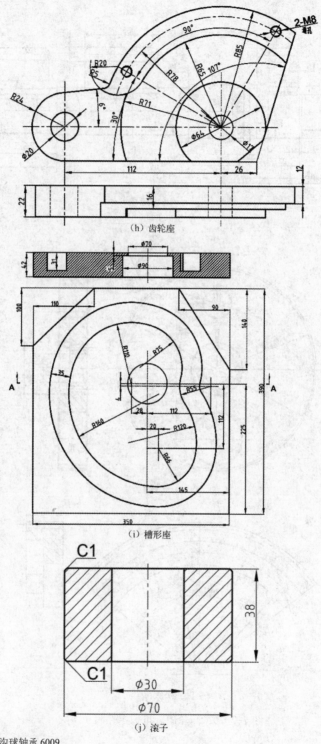

(h) 齿轮座

(i) 槽形座

(j) 滚子

GB / T276—1994 深沟球轴承 6009

GB / T290—1989 冲压外圈滚针轴承 HK303720

GB / T276—1994 深沟球轴承 6003(GCr4)

图 7-2-20 凸轮组合机构零件图（续）

项目 8 转向拨杆和泵体工程图的创建

 学习目的

在熟练掌握中国国家制图标准的前提下,项目 8 介绍在 SoliWorks 工程图模块中,创建工程图模板的方法,介绍生成各图形表达方法,介绍图形中各种标注方法。

 学习目标

- 熟练掌握 GB 工程图模板文件的创建方法。
- 熟练掌握各种常用零件表达方法的创建方法:三视图、全剖视图、半剖视图、局部剖视图、局部放大视图等。
- 熟练掌握工程图的标注方法:尺寸标注、文本标注、形位公差、基准符号、表面粗糙度。

模块 8.1 转向拨杆工程图的创建

 学习目标

1. 掌握自定义工程图格式的创建方法。
2. 掌握基本三视图生成方法。
3. 掌握轴测图、辅助视图、局剖视图创建方法。
4. 掌握尺寸标注的基本方法:线性尺寸、圆周尺寸、角度尺寸。

 工作任务

在 SolidWorks 工程图模块中,按图 8-1-1 所示的要求绘制出全部内容,包括:A3 图纸格式、所有图形表达形、尺寸标注。

 工作任务分析

转向拨杆工程图的创建包括三个方面的内容:第一、创建符合中国国家制图标准的工程图模板,以方便读者反复使用;第二、用正确合理的表达方法表达转向拨杆的平面图形;即向视图、斜视图、剖视图;第三、给工程图标注合理的尺寸;即线性尺寸、角度尺寸、直径尺寸。

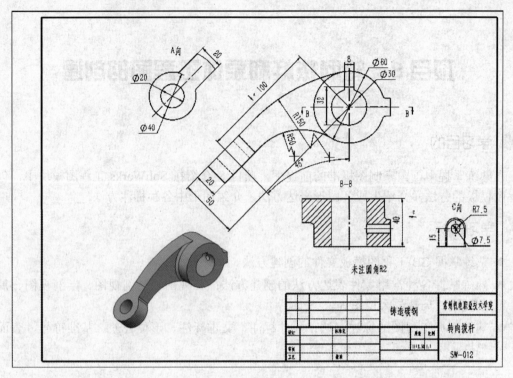

图 8-1-1 转向拨杆零件图

 相关知识汇总

8.1.1 创建 A3 工程图模板文件

（1）单击"标准"工具栏上的"新建"按钮,弹出"新建 SolidWorks 文件"对话框,选择"工程图"图标。单击"确定"按钮,弹出"图纸格式/大小"对话框。选择"自定义图纸大小"按钮,设置宽度为 420mm,高度为 297mm,如图 8-1-2 所示。单击"确定"按钮,进入工程图窗口。

图 8-1-2 "图纸格式/大小"对话框

（2）设置属性。选择"工具"|"选项"菜单命令,弹出"系统选项"对话框。切换到

"文档属性"选项卡，在各选项组中确定下列各选项，默认其他选项。

① 单击"绘图标准"选项，选择总绘图标准为"GB"。

② 单击"单位"选项。

◇ 在"单位系统"组合框中选择"MMGS（毫米、克、秒）"。

◇ 在下列的组合框中设置"长度"和"角度"尺寸精度为".1"。

此时总绘图标准改为"GB-修改"。

③ 单击"尺寸"选项，选择箭头样式————▶，也可根据需要调整箭头大小。

◇ 选择"角度"选项，设置折断引线、文本水平。

◇ 选择"倒角"选项，设置文本位置"水平、下划线文字"。

◇ 选择"直径"、"半径"选项，设置文本位置"折断引线，水平文字"。钩选 ☑ 显示第二向外箭头(S)。

◇ 选择"线性"选项，设置文本位置"实引线，文字对齐"。

④ 单击"虚拟交点"选项，设置成十字型。

⑤ 选择"视图"|"剖面视图"命令，设置剖面符号"交替显示"，箭头与尺寸标注箭头一样大小。

⑥ 选择"线型"，设置"可见边线"线宽 0.5mm，样式"solid"。

⑦ 单击"确定"按钮，保存文件属性设置并关闭对话框。

（3）设置投影类型。用鼠标右键单击 FeatureManager 设计树中"sheet1"图标，从弹出的快捷菜单中选择"属性"命令，弹出"图纸属性"对话框。选择"投影类型"选项组中的"第一视角"单选按钮，单击"确定"按钮，如图 8-1-3 所示。

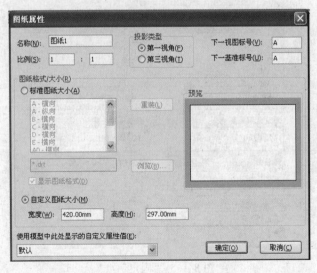

图 8-1-3 "图纸属性"对话框

（4）绘制 A3 图纸格式。

① 用鼠标右键单击 FeatureManager 设计树中"图纸 1"选项，从弹出的快捷菜单中选择"编辑图纸格式"命令，切换到编辑图纸格式状态。

② 单击"矩形"按钮，绘制两个矩形分别代表图纸的纸边界线和图框线，如图 8-1-4 所示。

图 8-1-4 绘制图纸边线

③ 在图形区中单击大矩形左下角点,在 X 文本框内输入 0.00,在 Y 文本框内输入 0.00。单击"固定"按钮 ,添加几何关系"固定",如图 8-1-5(a)所示。单击右上角点,在 X 文本框内输入 420.00,在 Y 文本框内输入 297.00。单击"固定"按钮 ,添加几何关系"固定",如图 8-1-5(b)所示。

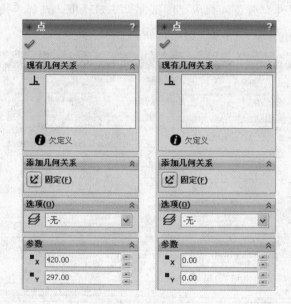

图 8-1-5 "固定"点

④ 标注内侧矩形的尺寸。单击"线型"工具栏中的"线粗"按钮 ,定义 4 条直线线宽 0.5mm,如图 8-1-6 所示。

(5)绘制标题栏。

① 按照要求绘制标题栏中相应的直线,并使用几何关系、尺寸确定直线的位置,如图 8-1-7 所示。

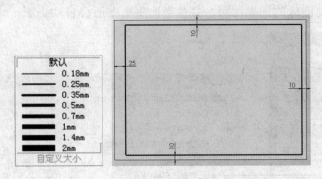

图 8-1-6 设置线型

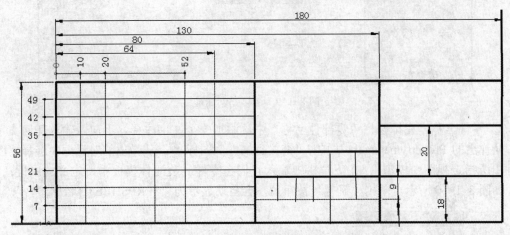

图 8-1-7 标题栏

② 依次选择各标注尺寸,用鼠标右键单击,在弹出的快捷菜单中,选择"隐藏"命令,标注尺寸被隐藏。

③ 单击工具栏上的"注释"按钮 A,插入文本注释,如图 8-1-8 所示。

图 8-1-8 注释文本

(6)动态链接属性注释。这类链接又分成两类:

◇ 与图纸相关的属性,主要指"比例"。

◇ 与图纸中模型相关的属性,主要是指零件、装配体中定义的属性,如名称、重量。

① 图纸比例。在标题栏"比例"下,添加一个文字注释,不向内输入任何文字注释,从弹出的 Propertymanager 中单击"链接到属性"图标,从弹出的对话框中选择"当前文件",并从下拉栏中选择"SW-图纸比例(Sheet Scale)"如图 8-1-9 所示。单击"确定"按钮

后，会自动显示当前图纸的图幅比例，并且当比例更改后会自动更新。

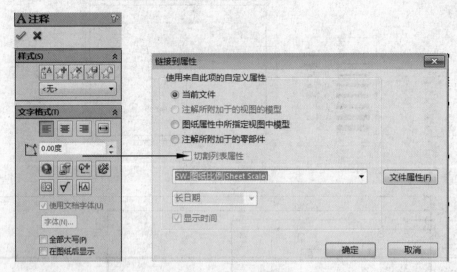

图 8-1-9 链接比例属性

② 零件名称。在标题栏"零部件名称"中，添加一个文字注释，不向内输入任何文字注释，从弹出的 Propertymanager 中单击"链接到属性"图标，从弹出的对话框中选择"图纸属性中所指定视图中模型"，在下拉栏中输入我们在零件、装配体模板中所定义的属性："名称"如图 8-1-10 所示。单击"确定"按钮后，会自动显示为"$PRPSHEET:{名称}"。

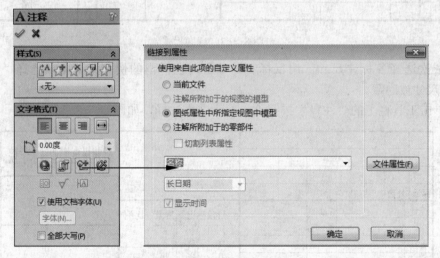

图 8-1-10 链接零件名称

其他的属性；如代号、重量、材料，采用同样的方法进行链接，效果如图 8-1-11 所示。

输入自定义属性的注释文字时，三个自定义属性的名称必须和零件、装配体模板定义的属性名称完全一致，才能保证能够正确链接。

（7）退出"编辑图纸格式"，在图纸中单击鼠标右键，从快捷菜单中选择"编辑图纸"命令。可以发现，属性链接的文字都消失了。如果以后插入此图纸中的模型含有这些属性，会自动显示出真实的属性值。

图 8-1-11 其他属性链接

（8）设置材料明细表定位点。

在 Featuremanager 设计树中展开"图纸格式 1"选项，用鼠标右键单击"材料明细表定位点 1"选项，从弹出的快捷菜单中选择"设定定位点 A"命令，再选择"标题栏"右上角定位点。此时系统自动退出"编辑图纸格式"状态，切换到编辑图纸状态下。

（9）保存文件。选择"文件"|"另存为"菜单命令，弹出"保存文件"对话框。在"文件类型"下拉表中选择"工程图模板（*.drwdot）"，文件名为"NEW-GB-A3. Drwdot"。单击"保存"按钮，保存路径 SolidWorks 安装目录为 C:\ProgramData\SolidWorks\SolidWorks 2014\custom template，生成新的工程图模板文件。

（10）模板加载。选择"工具"|"选项"菜单命令，弹出"系统选项"对话框。在"文件位置"下选择文件"文件模板"，执行"添加"命令，浏览到自定义模板文件夹：C:\ProgramData\ SolidWorks\SolidWorks 2014\custom template，确定后加载完毕，此时，新建 SolidWorks 文件时，可以看到自定义的模板已经加载进来，如图 8-1-12 所示。

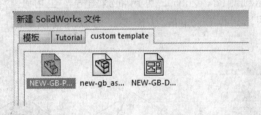

图 8-1-12 自定义模板位置

8.1.2 标准视图

标准视图是根据模型不同方向的视图建立的视图，标准视图依赖于模型的放置位置。标准视图包括标准三视图、模型视图以及相对视图。

1．标准三视图

利用标准三视图可以为模型同时生成 3 个默认的正交视图，即主视图、俯视图、左视图。主视图是模型的"前视"视图，俯视图和左视图分别是模型在相应位置的投影。

打开文件"E:\SolidWorks\项目 8\标准三视图.SLDDRW"，在"视图布局"中单击"标准三视图"按钮 ，弹出"标准三视图"属性管理器。单击"浏览"按钮，选择文件"E:\SolidWorks\项目 8\标准三视图.SLDPRT"，再单击"打开"按钮，建立标准三视图，如图 8-1-13 所示。

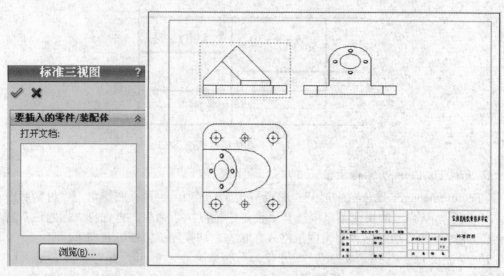

图 8-1-13　标准三视图

2．模型视图

模型视图是根据预定义的视图方向生成单一视图。

(1) 打开文件"E:\SolidWorks\项目 8\模型视图.SLDDRW",在"视图布局"中单击"模型视图"按钮 ,弹出"模型视图"属性管理器。插入文件"E:\SolidWorks\项目 8\标准三视图.SLDPRT",在"方向（O）"选择框中,单击任一"标准视图",或在"更多视图"下钩选任一视图；如上下二等角轴测图、左右二等角轴测图等,也可在"参考配置"中选择不同配置的模型。建立模型视图,根据视图的表达需要,可以改变模型的"显示样式"和"比例",如图 8-1-14（a）所示。

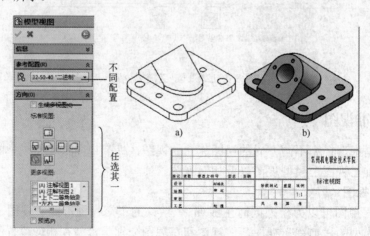

图 8-1-14　模型视图

(2) 创建自定义模型视图。

① 若系统默认的轴测图不能清楚地表示该零件的结构特点,则可以自定义任何角度的模型视图。打开文件"E:\SolidWorks\项目 8\标准三视图.SLDPRT",在绘图区空白处单击鼠标右键,弹出如图 8-1-15（a）所示的快捷菜单,通过此快捷菜单选择"视图定向"命令

,弹出"方向"属性管理器(见图 8-1-15(b))。继续单击"方向"属性管理器左上角"新视图"按钮,弹出"命名视图"属性对话框。在"视图名称"中输入名称"aaaa",单击"确定"按钮,生成如图 8-1-15(c)所示的自定义视图。

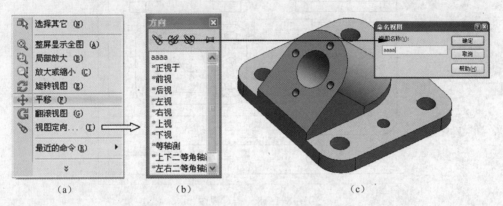

图 8-1-15 自定义视图

② 切换 SolidWorks 窗口到"模型视图.SLDDRW"窗口中,重复上述步骤①,在"模型视图"属性管理器中的"更多视图"选项中确认选中"aaaa 视图",在图形区的合适位置放置 aaaa 视图,如图 8-1-14(b)所示。

3.相对视图

相对视图是一个正交视图,由模型的两个直交面及各自的具体方位的规格定义,解决了零件图视图定向与工程图投影方向的矛盾。

(1)打开文件"E:\SolidWorks\项目 8\相对视图.SLDDRW",选择"插入"|"工程视图"|"相对于模型"菜单命令,此时若存在某一视图,则用鼠标单击该视图,系统会自动打开零件文件。若没有视图,则在图形区单击鼠标右键,弹出如图 8-1-16 所示的快捷菜单,选择"从文件中插入"命令,打开文件"E:\SolidWorks\项目 8\模型视图.SLDPRT",在图形区域中选择"面<1>"作为前视图,选择"面<2>"作为右视图,如图 8-1-17 所示。单击"确定"按钮,完成操作。

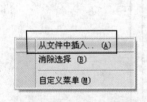

图 8-1-16 快捷菜单

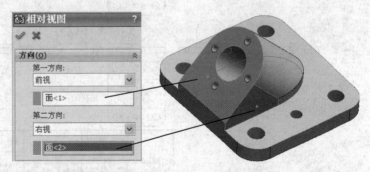

图 8-1-17 选定视角

(2)窗口自动切换到工程图窗口,并出现视图预览框,将视图预览框移动到所需位置,单击以放置视图,生成相对视图,如图 8-1-18 所示。

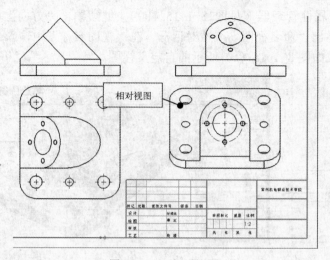

图 8-1-18 相对视图

8.1.3 派生视图

派生视图是由其他视图派生而来的视图,包括投影视图、剖面视图、断开的剖视图、辅助视图、局部视图、断裂视图。

1. 投影视图

投影视图是根据已有视图,通过正交投影生成的视图。

打开文件"E:\SolidWorks\项目 8\投影视图.SLDDRW",选择主视图,在"视图布局"中单击"投影视图"按钮，弹出"投影视图"属性管理器。图形区出现视图预览框。将指针移到主视图左侧,单击作出右视图,接着将指针移到主视图的上侧,同时出现视图预览,单击作出仰视图。用同样的方法,选择左视图可以作出后视图。生成的视图如图 8-1-19 所示。

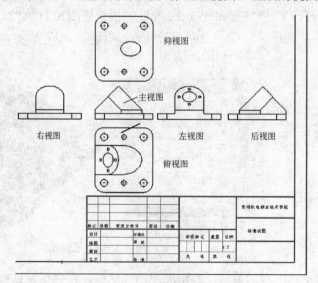

图 8-1-19 投影视图

2．剖面视图

剖面视图可以用来表达机体的内部结构。根据剖切面剖切机件范围的不同剖面视图可以分为全剖视图、半剖视图、局部剖视图。全剖视图按剖切路径的不同，又可分为单一面全剖视图、阶梯剖视图、旋转剖视图。系统在执行剖面视图命令时，按照指定的剖切路径，会产生对应的剖面视图。

（1）单一面全剖视图。用单一平面将机件完全剖切叫单一剖。

① 打开文件"E:\SolidWorks\项目 8\单一剖视图.SLDDRW"，再单击"视图布局"中的"剖面视图"按钮，弹出"剖面视图"属性管理器，如图 8-1-20 所示。在"切割线"选项中选择合适的切割线形式。

图 8-1-20　选择切割线形式

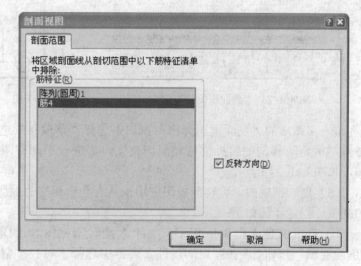

图 8-1-21　选择剖面

② 在绘图区模型上选择对称面上任一点或孔的中心，弹出"剖面视图"对话框，如图 8-1-21 所示。将光标从已激活的"剖面范围"列表框移动到绘图区域，选择筋特征，单击"确定"按钮，继续移动光标至所需位置，生成如图 8-1-22 所示单一剖面视图。

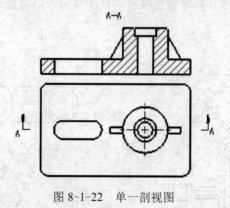

图 8-1-22　单一剖视图

（2）阶梯剖视图。阶梯剖视图应用于具有几个相互平行的剖切面的零件，需要表达内部

结构的视图,创建步骤如下:

① 打开文件"E:\SolidWorks\项目 8\阶梯剖视图.SLDDRW",单击"视图布局"中的"剖面视图"按钮,在弹出的属性管理器中,清除"自动启动剖面实体",再选择合适切割线,然后将剖切线移动至所需位置并单击,此时会显示"剖面视图弹出"窗口,如图 8-1-23 所示。在弹出的窗口中显示了三种带等距的剖面视图: 圆弧等距、单一等距、凹口等距。阶梯剖视图适用于"单一等距"。

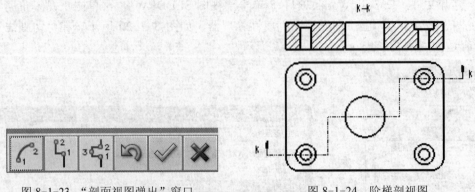

图 8-1-23 "剖面视图弹出"窗口　　　　图 8-1-24 阶梯剖视图

② 在弹出的"剖面视图弹出"窗口中选择"单偏移"选项,连续地在绘图区用鼠标左键单击确定阶梯剖的转折位置和剖切位置,形成一个拥有两个转折和三个剖面的阶梯剖视图,如图 8-1-24 所示。

(3) 旋转剖视图。旋转剖视图应用于具有几个相交的剖切面的零件,需要表达内部结构的视图。创建步骤如下:

① 打开文件"E:\SolidWorks\项目 8\旋转剖视图.SLDDRW",单击"视图布局"中的"剖面视图"按钮,在弹出的属性管理器中选择"对齐"型的切割线,再选择"自动启动剖面实体"。

② 将剖切线的顶点移动到两剖切面的交点并单击(点 1);继续将指针移动至所需位置(点 2)并设定剖切线第一个线段的角度;继续将指针移动至所需位置(点 3)并设定第二个剖切线的角度,将预览图拖动至所需位置,然后单击以放置剖面视图,如图 8-1-25 所示。也可在弹出的"剖面视图"中单击"切换对齐"按钮,视图与另一剖切面对齐,如图 8-1-26 所示。

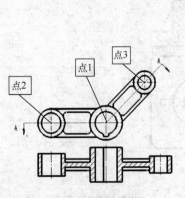　　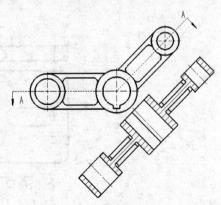

图 8-1-25 旋转剖视图 1　　　　　　　图 8-1-26 旋转剖视图 2

（4）半剖视图。半剖视图应用于具有对称平面的零件，需要表达内部结构又要表达外部形状的视图。创建步骤如下：

① 打开文件"E:\SolidWorks\项目 8\半剖视图.SLDDRW"，单击"视图布局"中的"剖面视图"按钮，在弹出的属性管理器中切换到"半剖面"，如图 8-1-27 所示。选择任一种半剖面切割线，并将其置于视图中。

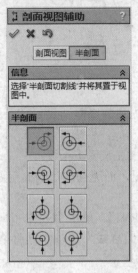

图 8-1-27 半剖面切割线

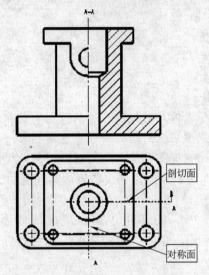

图 8-1-28 半剖视图

② 将剖切线移动模型对称面和剖切面的交点上并单击，在光标处即会出现半剖视图的预览图。继续移动光标至适当位置并单击，即可生成一半视图，如图 8-1-28 所示。

3．断开的剖视图

（1）局部剖视图。局部剖视图是针对非对称的零件，既要表达零件内部结构，又要表达零件外部形状的视图。共创建步骤如下：

① 打开文件"E:\SolidWorks\项目 8\局部剖视图.SLDDRW"，单击"草图"工具栏上的"样条曲线"按钮，在所要剖切的区域绘制一封闭的样条曲线，如图 8-1-29 所示。

② 选择封闭的样条曲线，单击"视图布局"工具栏上的"断开的剖视图"按钮，弹出"断开的剖视图"属性管理器。在"深度"文本框中输入 30mm，或指定一模型边线确定剖切深度，如图 8-1-30 所示，单击"确定"按钮，完成操作。

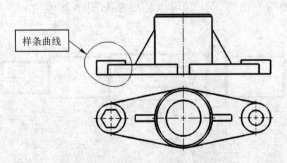

图 8-1-29 绘制封闭的样条线

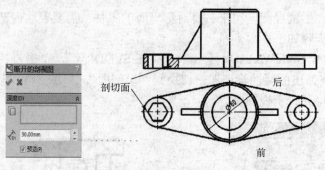

图 8-1-30　局部剖视图

💣 说明

◇ 文本框中输入的数值应该从模型的最前端到剖切面所在的距离。
◇ 剖切范围应用封闭的曲线串包围起来。
◇ 断开的剖视图不能在局部视图、剖面视图或交替位置视图上生成。

（2）断面图。断面图是仅需表达零件剖面形状的视图，而无须表达剖面后面的图线。其操作步骤如下。

① 打开文件"E:\SolidWorks\项目 8\断面图.SLDDRW"，单击"视图布局"中的"剖面视图"按钮，弹出"剖面视图"属性管理器。在"切割线"选项中选择合适的切割线形式。

② 移动光标至需剖切处，弹出"剖面视图"属性管理器。在"剖面视图"中选中"只显示切面"复选框，如图 8-1-31（a）所示。继续向左移动光标并单击，生成移出断面图，如图 8-1-31（b）所示。

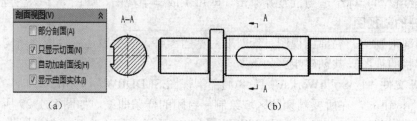

图 8-1-31　断面图

③ 解除视图对齐关系。用鼠标右键单击断面图，在弹出的快捷菜单中选择【视图对齐】|"解除视图对齐关系"命令，此时可以移动断面图至其他位置，如图 8-1-32 所示。

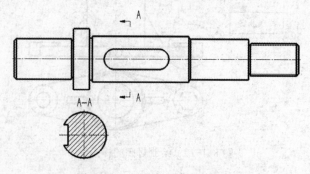

图 8-1-32　解除视图对齐关系

4. 辅助视图

（1）斜视图。斜视图用来表示机件的倾斜结构，其投影面与基本投影面之一呈倾斜关系。有时也把斜视图旋转到水平线垂直位置，符号一般人的读图习惯。

① 打开文件"E:\SolidWorks\项目 8\辅助视图.SLDDRW"，选择视图中的斜线边以确定投影方向。单击"视图布局"工具栏上的"辅助视图"按钮 ≫，显示视图预览框，指针移动到所需位置，单击放置视图，如图 8-1-33 所示。

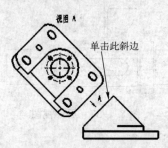

图 8-1-33　斜视图

② 选择图 8-1-31 中的斜视图，然后单击绘图区快捷菜单中的"旋转视图"按钮 ⟲，弹出"旋转工程视图"对话框，如图 8-1-34 所示。在"工程视图角度"文本框内输入 45.00deg，选中"相关视图反映新的方向"和"随视图旋转中心符号线"复选框，点击"应用"按钮，关闭对话框。生成旋转视图。解除视图对齐关系，移动旋转视图到合适位置，如图 8-1-35 所示。

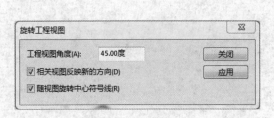 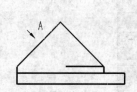 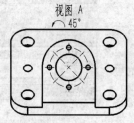

图 8-1-34　"旋转工程视图"对话框　　　图 8-1-35　旋转后的斜视图

（2）剪裁视图。剪裁视图是在现有视图中剪去不必要的部分，使得视图所表达的部分既简练又突出重点。创建步骤如下：打开文件"E:\SolidWorks\项目 8\剪裁视图.SLDDRW"，双击辅助视图的空白处，激活该视图，在辅助视图中绘制一封闭的轮廓线，把所要表达的内容包围在其内。选择该轮廓线，单击"视图布局"工具栏上的"剪裁视图"按钮 ⬚，视图多余部分被剪掉，完成剪裁视图，如图 8-1-36 所示。

图 8-1-36　剪裁视图

5. 局部视图

局部视图也叫局部放大视图，用来显示现有视图某一局部细节的形状，常用放大的比例来显示。

打开文件"E:\SolidWorks\项目 8\局部视图.SLDDRW",单击"视图布局"工具栏上的"局部视图"按钮 ⒶA。在欲建立局部视图的部位绘制圆,显示视图预览框,指针移动到所需位置,单击放置视图,如图 8-1-37 所示。

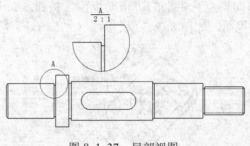

图 8-1-37　局部视图

6. 断裂视图

对于较长的工件,沿长度方向的形状一致或按一定规律变化,可用"断裂视图"命令将其断开后缩短绘制,而与断裂区域相关的参考尺寸和模型尺寸反映实际的模型数值。

打开文件"E:\SolidWorks\项目 8\断裂视图.SLDDRW"。选择前视图,再单击"视图布局"工具栏上的"断裂视图"按钮,弹出"断裂视图"属性管理器,如图 8-1-38 所示。同时出现折断线预览框,在图示位置放置两切断线,生成断裂视图,如图 8-1-39 所示。

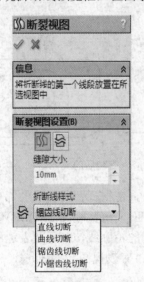

图 8-1-38　"断裂视图"属性管理　　　　图 8-1-39　断裂视图

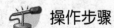 **操作步骤**

(一) 创建转向拨杆各表达视图

1. 创建主视图

(1) 首先打开 SolidWorks 文件"转向拨杆.SLDPRT",为下一步创建转向拨杆工程图作准备。

（2）单击"新建文件"按钮▯，弹出"新建 SolidWorks 文件"对话框，如图 8-1-12 所示。将文件模板切换到"custom template"文件夹，再单击"NEW-GB-DRAW"，即已经创建好的工程图模板文件，单击"确认"按钮后插入一 A3 工程图模板，如图 8-1-40 所示。

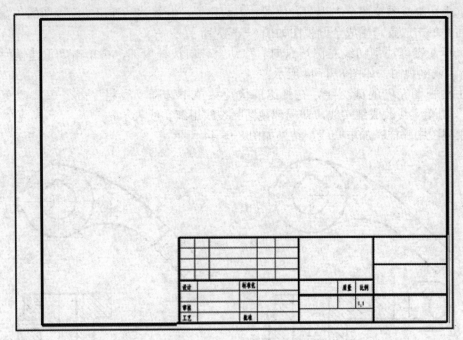

图 8-1-40　A3 工程图模板

因为模板文件中许多选项已经设置符合中国国家制图标准，因此生成工程图时节省了许多工作量。

（3）单击视图布局中的"模型视图"按钮▯，弹出"模型视图"属性管理器。因转向拨杆.sldprt 文件已打开，直接单击"下一步"按钮，在接下来的属性管理器中选择"前视"视图，移动光标在绘图区合适区域单击即可生成转向拨杆的主视图，如图 8-1-41 所示。

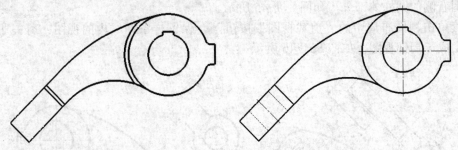

图 8-1-41　"转向拨杆"主视图　　　图 8-1-42　整理后的主视图

（4）图线整理。单击生成的主视图，弹出"视图"属性管理器，在"显示样式"一栏中单击"隐藏线可见"按钮▯，视图中所示虚线即显示出来。

单击视图中需隐藏的图线，在弹出的快捷菜单中选择"隐藏/显示边线"命令▯，把不需要的虚线或切线隐藏。

单击"注释"工具条中"中心符号线"按钮 ⊕ 和 ⊟，分别在两圆孔中心位置添加两种类型的中心线，图线整理结果如图 8-1-42 所示。

2. 创建俯视图

单击视图布局中的"剖面视图"按钮，在弹出的属性管理器中选择"水平切割线"，并移动水平切割线预览图至主视图右侧圆孔中心位置，继续移动弹出的剖视图的预览图至主视图下面并单击放置。生成全剖视图如图 8-1-43 所示。

用鼠标左键拖动剖切线左侧端点向右移动至转向拨杆内部，再单击"重建模型"按钮，重新生成剖视图，如图 8-1-44 所示。

单击剖视图左侧的截交线，在弹出的快捷菜单中选择"线粗"命令，改变线宽为 0.18mm，由粗实线改成细实线，即局部视图断裂线用细实线表示。

像主视图中那样添加中心线，结果如图 8-1-44 所示。

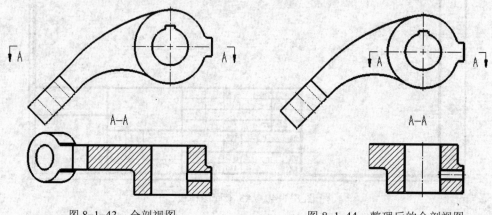

图 8-1-43 全剖视图　　　　　　图 8-1-44 整理后的全剖视图

3. 创建两辅助视图

单击视图布局中的"辅助视图"按钮，再在主视图中选择倾斜部分的轮廓线，确定投影方向。此时移动光标位置即可生成一斜视图，如图 8-1-45 所示。

单击"草图"工具条中的"样条曲线"按钮，在斜视图右侧绘制一封闭的样条曲线，包围右侧的圆柱体部分，如图 8-1-45 所示。

继续单击视图布局中的"剪裁视图"按钮，保留样条曲线内的视图，剪去曲线外的图线，生成一局部视图，如图 8-1-46 所示。

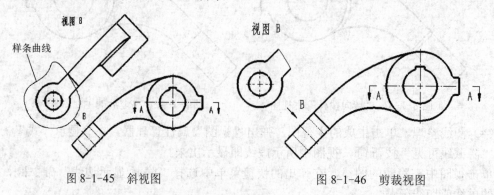

图 8-1-45 斜视图　　　　　　图 8-1-46 剪裁视图

采用同样方法创建另一向视图，如图 8-1-47 所示。用鼠标右键单击 C 向视图，在弹出的快捷菜单中选择"切边"|"切边不可见"命令，将所有的相切边全部隐藏。

4. 创建轴测视图

单击视图布局中"模型视图"按钮，在弹出

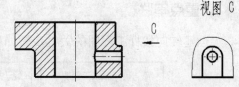

图 8-1-47　C 向辅助视图

的属性管理器中选择"当前模型视图"，即打开的模型文件所处的自定义角度的轴测图，在图形区域合适位置生成模型视图。也可编辑模型视图的"显示样式"和"比例"，改变模型样式。视图表达效果如图 8-1-48 所示。

因为在三维模型文件中已经定义了模型的名称、材料、重量、代号等属性，因此把模型插入工程后，在视图标题栏中会自动显示这些内容。

（二）标注尺寸

因为工程图模板中已经设置了尺寸标注样式，所以在工程图环境下可以直接标注尺寸。若有个别更改之处，可以在尺寸属性对话框中更改标注样式：尺寸、引线、其他。

1. 标注线性尺寸

依照图 8-1-1 中所示，单击"注释"工具栏中的"智能尺寸"按钮，标注所有线性尺寸。

2. 标注角度尺寸

依照图 8-1-1 中所示，单击"注释"工具栏中的"智能尺寸"按钮，标注所有角度尺寸。

3. 标注直径、半径尺寸

依照图 8-1-1 中所示，单击"注释"工具栏中的"智能尺寸"按钮，标注所有直径尺寸、半径尺寸。

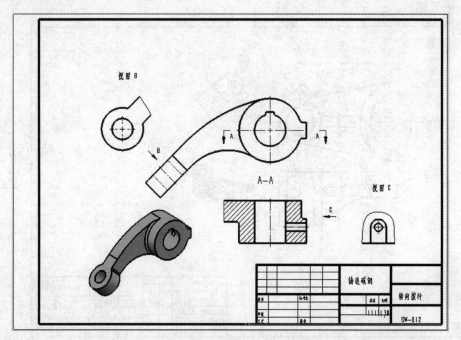

图 8-1-48　转向拨杆视图表达效果图

重点串联

创建转向拨杆工程图的关键步骤如图 8-1-49 所示。

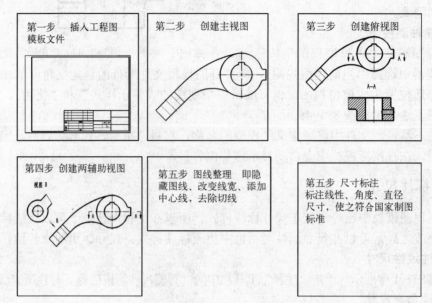

图 8-1-49　创建转向拨杆工程图的关键步骤

 练习

按图 8-1-50 所示调档拨叉图形，在 SolidWorks 软件工程图模块中正确表达各视图并自定义 A3 图纸格式。

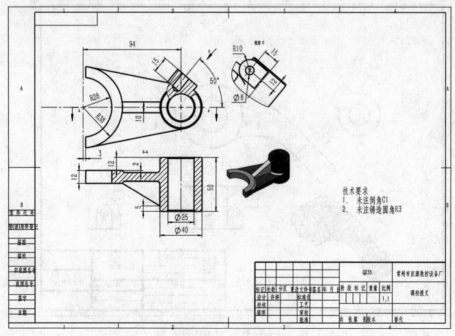

图 8-1-50　调档拨叉零件图

模块 8.2 泵体工程图的创建

 学习目标

1. 掌握半视图的生成方法。
2. 掌握局部剖生成方法。
3. 掌握全剖视图生成方法。
4. 掌握筋板的表达方式。
5. 掌握剪裁视图的表达方法。
6. 掌握各种标注方法：尺寸公差、基准符号、形位公差、尺寸基准、文本标注、表面粗糙度

 工作任务

根据给定的泵体工程图图纸，如图 8-2-1 所示在 SolidWorks 工程图模块中完成该平面图形的创建，包括各图形表达形式，各种标注形式。

工作任务分析

轴承座是复杂的箱体类零件，图形表达方式丰富，需要多种视图形式：全剖、半剖、断

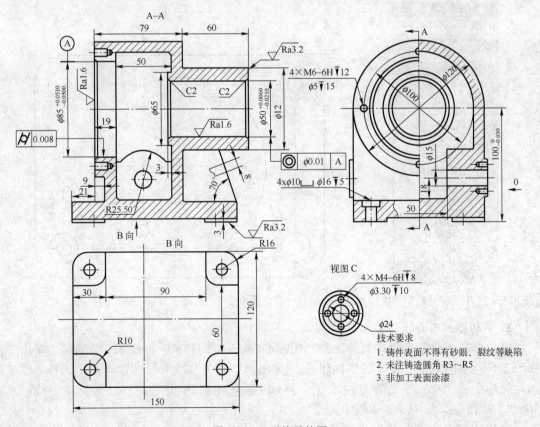

图 8-2-1 泵体零件图

面图、向视图、局部视图等。标注内容全面，除了常规的线性、角度、直径尺寸标注之外，还有倒斜角、尺寸精度、形位公差、文本标注、表面粗糙度等。所以泵体零件图知识点涵盖全面，图形理解能力要求高，需要一定的综合运用知识的能力。

 相关知识汇总

8.2.1 中心符号线和中心线

在工程图标注尺寸和添加注释前，应先添加中心线。中心线的形式有 4 种：单一中心符号线、线性中心符号线、圆形的中心符号线、对称中心线。插入的方法有两种：自动插入中心线，手动插入中心线。

1. 自动插入中心线

打开文件 "E:\SolidWorks\项目 8\中心线.SLDDRW"，单击 "注释" 工具栏中的 "中心符号线" 按钮 ⊕，弹出 "中心符号线" 属性管理器，如图 8-2-2 所示。选择需要自动插入的选项，然后选择一个或多个工程图，单击 "确定" 按钮 ✓ 后即可在整个视图中需要添加中心线处添加了中心线，显然此功能节省了许多手工插入中心线的工作量，在复杂视图中添加中心线时效率更加明显。创建效果如图 8-2-3 所示。

图 8-2-2 "中心符号线" 属性管理器

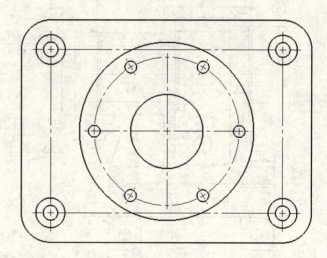

图 8-2-3 自动插入中心线

2. 手动插入中心线

（1）单一中心符号线。打开文件 "E:\SolidWorks\项目 8\中心线.SLDDRW"，单击 "注释" 工具栏中的 "中心符号线" 按钮 ⊕，弹出 "中心符号线" 属性管理器。选择 "手工插入" 选项中的 "单一中心符号线" ⊞，再单击视图中φ120 外圆，标注大圆中心线，单击 "确定" 按钮 ✓，如图 8-2-4 所示。

（2）线性中心符号线。继续单击 "注释" 工具栏中的 "中心符号线" 按钮 ⊕，弹出

"中心符号线"属性管理器。选择"手工插入"选项中的"线性中心符号线" ⊞，再选择"连接线"复选框，然后在视图中选择一底孔，出现"相切"符号，单击"相切"符号，建立所有阵列实例的中心符号线，单击"确定"按钮 ✓，如图8-2-5所示。

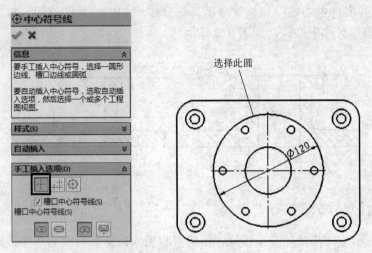

图 8-2-4　添加单一中心符号线

（3）圆形中心符号线。继续单击"注释"工具栏中的"中心符号线"按钮 ⊕，弹出"中心符号线"属性管理器。选择"手工插入"选项中的"圆形中心符号线" ⊕，再选择"圆周线"、"基体中心符号线"复选框，然后在视图中选择一底孔，出现"相切"符号，单击"相切"符号，建立所有圆周阵列实例的中心符号线，单击"确定"按钮 ✓，如图8-2-6所示。

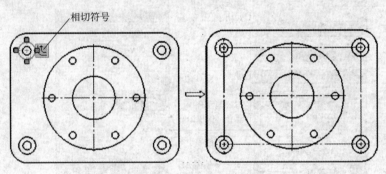

图 8-2-5　添加线性中心符号线

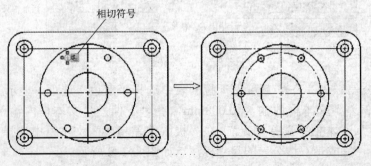

图 8-2-6　添加圆形中心符号线

(4)对称中心线。手工插入对称中心线时,需要选择两条边线或草图线段,或选择单一圆柱面、圆锥面、环面或扫掠曲面。

打开文件"E:\SolidWorks\项目 8\中心线.SLDDRW",单击"注释"工具栏中的"中心线"按钮,弹出"中心线"属性管理器。选择需添加中心线圆柱面,单击"确定"按钮,给圆柱面添加对称中心线,如图 8-2-7 所示。

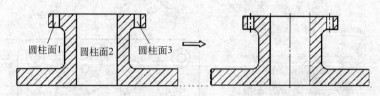

图 8-2-7　添加对称中心线

8.2.2　标注尺寸公差

尺寸公差表示零件尺寸的精准程度,用户可根据实际情况标注各种形式的尺寸公差。

打开文件"E:\SolidWorks\项目 8\尺寸公差.SLDDRW",单击"注释"工具栏中的"智能尺寸"按钮,再选择中心孔的两边线,此时弹出"尺寸"属性管理器。选择"公差/精度"、"标注尺寸文字"两复选框,设置各种分选项,如图 8-2-8 所示。因为尺寸标注的其他设置已经在工程图板介绍,所以这里只介绍常见的尺寸公差标注形式。

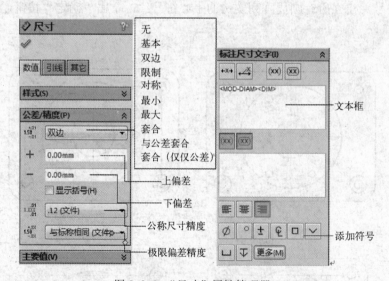

图 8-2-8　"尺寸"属性管理器

(1)双边公差。在"公差/精度"下拉列表中选择"双边"选项,显示上、下偏差的输入框,在"上偏差"文本框内输入 0.008mm,在"下偏差"文本框内输入-0.025mm,在"公称尺寸精度"文本框中选择"无",在"极限偏差精度"文本框中选择".1234",单击"确定"按钮,完成带双边公差的尺寸标注,如图 8-2-9 所示。

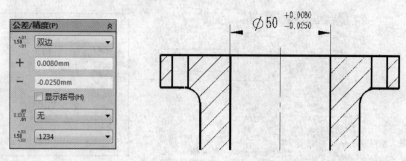

图 8-2-9 "双边"公差标注

（2）对称公差。在"公差/精度"下拉列表中选择"对称"选项，在"最大变量"文本框内输入 0.008mm，其他选项同上，单击"确定"按钮 ✓，完成带对称公差的尺寸标注，如图 8-2-10 所示。

（3）与公差套合。在"公差/精度"下拉列表中选择"与公差套合"选项，在"分类"下拉列表框中选择"间隙"选项，在"孔套合"下拉列表框中选择"H7"，在"轴套合"下拉列表框中选"h6"，单击"线性显示"按钮，其他选项同上，单击"确定"按钮 ✓，如图 8-2-11 所示。

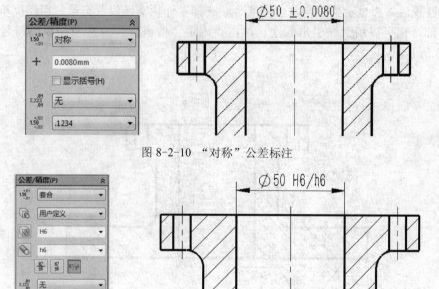

图 8-2-10 "对称"公差标注

图 8-2-11 "与公差套合"公差标注

8.2.3 表面粗糙度符号

表面粗糙度符号表示零件表面粗糙的程度，是零件表面结构技术指标之一。用户可以按 GB/T131—1983 的要求设定零件表面粗糙度，包括基本符号、去除材料、不去除材料等。

打开文件"E:\SolidWorks\项目 8\表面粗糙度符号.SLDDRW"，单击"注释"工具栏中的"表面粗糙度符号"按钮 ✓，弹出"表面粗糙度"属性管理器。选择"要求切削加工"按钮 ✓，输入"最小粗糙度"值为 6.3，如图 8-2-12 所示。

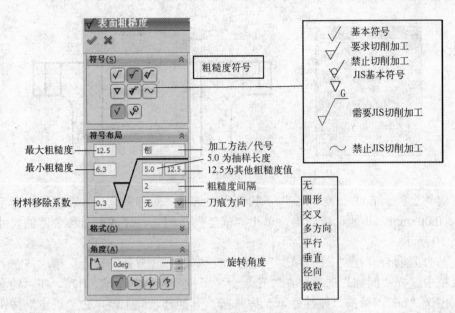

图 8-2-12 "表面粗糙度"属性管理器

完成设置后,会显示其预览,在图纸区域选择零件轮廓线放置符号,粗糙度符号自动指向材料内部,也可以用引线引出标注,单击"确定"按钮 ✓,完成表面粗糙符号标注,如图 8-2-13 所示。

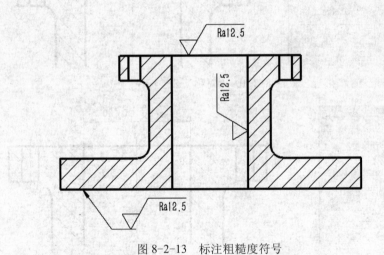

图 8-2-13 标注粗糙度符号

8.2.4 基准符号

打开文件"E:\SolidWorks\项目 8\基准特征.SLDDRW",单击注释工具栏中的"基准特征"按钮 ,弹出"基准特征"属性管理器。在"标号设定"文本框中输入字母"A",在"引线""复选框中选择"垂直"按钮 ,出现基准符号预览图。在图纸区域选择零件轮廓线或尺寸界线,拖动预览,单击"确认"按钮,完成基准特征,如图 8-2-14 所示。

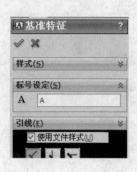 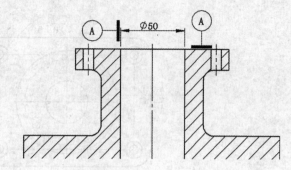

图 8-2-14　添加基准特征

8.2.5　形位公差

在工程图中可以添加特征的形位公差，包括设定形位公差的代号、公差值、原则等内容，同时可以为同一要素生成不同的形位公差。

打开文件"E:\SolidWorks\项目 8\形位公差.SLDDRW"，单击"注释"工具栏中的"形位公差"按钮，弹出"属性"对话框。设定形位公差内容，如图 8-2-15 所示。

（1）单击符号栏的下拉按钮，选择形位公差的符号。
（2）在"公差 1"文本框中输入公差值大小。
（3）在"主要"、"第二"、"第三"文本框中分别输入形位公差的主要、第二、第三基准。

在图纸区域单击形位公差，如果需要添加其他形位公差，可继续添加，单击"确定"按钮，如图 8-2-15 所示。

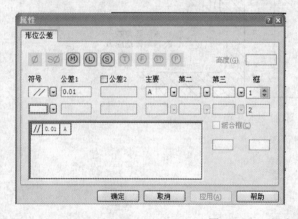 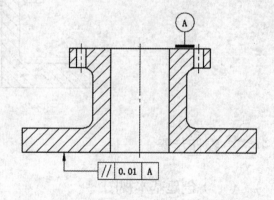

图 8-2-15　设定形位公差内容

8.2.6　孔标注

孔标注可在工程图中使用，如果改变了模型中的一个孔尺寸，则标注将自动更新。当孔使用异型孔向导生成时，孔标注将使用异型孔向导信息。这样可减少孔标注的工作量。

打开文件"E:\SolidWorks\项目 8\孔标注.SLDDRW"，单击"注释"工具栏中的"孔标注"按钮，选择孔的边线，然后单击图形区域来放置孔标注，如图 8-2-16 所示。

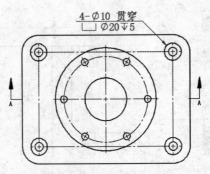

图 8-2-16 孔标注

8.2.7 文本标注

利用文本注释，可以在工程图中的任意位置添加文本，如工程中的"技术要求"和"技术说明"。

打开文件"E:\SolidWorks\项目 8\文本标注.SLDDRW"，单击"注释"工具栏中的"注释"按钮 **A**，用鼠标指向模型边线或单击图纸区域，输入注释文字，可在文字"格式化"对话框中修改文本的字体、大小等信息。单击"确定"按钮，如图 8-2-17 所示。

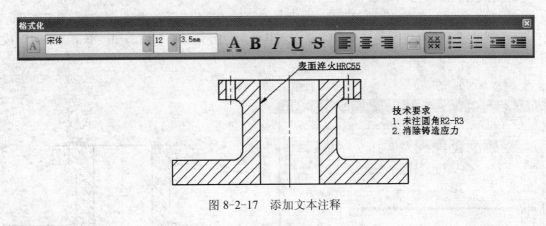

图 8-2-17 添加文本注释

操作步骤

（一）创建基本视图

1. 新建文档

（1）首先打开 SolidWorks 文件"泵体.SLDPRT"，为下一步创建泵体工程图作准备。

（2）单击"新建文件"按钮，弹出"新建 SolidWorks 文件"对话框，如图 8-1-12 所示，将文件模板切换到"custom template"文件夹，再单击"NEW-GB-DRAW"，即已经创建好的工程图模板文件。单击"确认"按钮后插入一 A3 工程图模板，如图 8-1-18 所示。

（3）因泵体模型较大，所以整个图纸需设置缩小比例，用鼠标右键单击绘图区左侧 FeatureManager 设计树下的"sheet1"图标，在弹出的快捷菜单中选择"属性"，弹出"图纸"属性管理，在图纸属性下更改图纸比例为"1:2"，单击"确定"按钮后退出对话框。

2. 创建 B 向视图

（1）单击"视图布局"工具条中的"模型视图"按钮，在打开的"模型视图"属性管理器中单击"下一步"按钮。在接下来的属性管理器中选择"下视图"，移动光标在绘图区单击创建 B 向视图，如图 8-2-18 所示。创建的第一个视图与建模时所选择的第一基准面有关，在创建工程图时可能需要旋转指定的角度。

（2）视图整理。用鼠标右键单击"下视图"，在弹出的快捷菜单中选择"缩放/平移/旋转"｜"旋转视图"命令，按住鼠标左键旋转视图 90°。

单击"注释"工具栏上的"中心线"按钮，在弹出的属性管理器中，选择"自动插入"选项中的"选择视图"，然后单击视图区的"下视图"，就会在下视图中自动生成对称中心线。若中心线太长或太短，可以拖动中心线端点伸长或缩短，如图 8-2-19 所示。

单击视图中需要隐藏的图线，在弹出的快捷菜单中选择"隐藏/显示边线"命令，隐藏不需表达的图线，结果如图 8-2-19 所示。

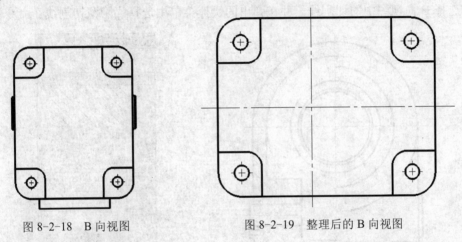

图 8-2-18　B 向视图　　　　图 8-2-19　整理后的 B 向视图

3. 创建左侧的半剖视图

（1）单击"视图布局"工具条中的"剖面视图"按钮，弹出"剖面视图"属性管理器。单击"半剖面"选项卡，继续选择半剖面切割线类型：顶部右侧，并放置于 B 向视图中，如图 8-2-20 所示。弹出半剖视图预览图，移动光标把它放置在 B 向视图右侧。

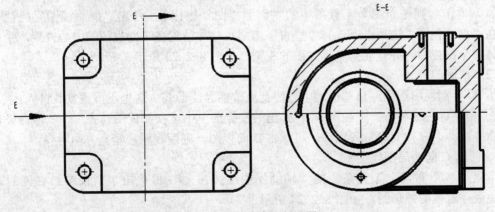

图 8-2-20　创建半剖视图

(2) 视图整理。

① 用鼠标右键单击"半剖视图",在弹出的快捷菜单中选择"缩放/平移/旋转"|"旋转视图"命令,按住鼠标左键旋转视图-90°。

② 继续用鼠标右键单击"半剖视图",在弹出的快捷菜单中选择"视图对齐"|"解除对齐关系"命令,两视图解除对齐关系,并移动半剖视图至 B 向视图右上方,如图 8-2-21 所示。

③ 继续用鼠标右键单击"半剖视图",在弹出的快捷菜单中选择"切边"|"切边不可见"命令,隐藏所有的切线。

④ 如 B 向视图一样,自动插入所有孔的中心线,如图 8-2-21 所示。

⑤ 单击半剖视图中的剖面线,弹出"区域剖面线/填充"属性管理器,如图 8-2-22 所示。解除选择"材质剖面线"选项,更改"剖面线图样"为"ANSI31(Iron Brickstone)",生成的剖面线如图 8-2-21 所示。

⑥ 选择 B 向视图中的切割线,并在弹出的快捷菜单中选择"隐藏切割线"命令。

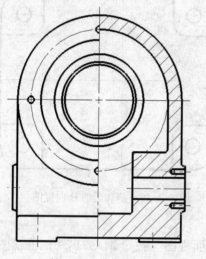

图 8-2-21 整理视图　　　　图 8-2-22 "区域剖面线/填充"属性管理器

4. 创建全剖的主视图

(1) 单击"视图布局"工具条中的"剖面视图"按钮,弹出"剖面视图"属性管理器。在"剖面视图"选项卡下选择"竖直"切割线,并放置在半剖视图的中心位置,生成一个泵体的全剖视图,并移动到半剖视图的左侧,如图 8-2-23 所示。

(2) 视图整理。

① 像半剖视图一样,自动插入中心线及更改剖面线形式。这里不再重复其过程。

② 用鼠标右键单击"主视图",在弹出的快捷菜单中选择"视图对齐"|"原点竖直对齐"命令,此时光标变成对齐图标,再单击 B 向视图,则两视图在竖直方向对齐。

5. 创建 C 向的局剖视图

单击"视图布局"工具条中的"辅助视图"按钮,再单击半剖视图最右侧的轮廓线,生成一右视的外形图,如图 8-2-24 所示。

单击"草图"工具条中的"圆"按钮,绘制一草图圆,把上面视图中的圆形凸台包围,如图 8-2-24 所示。

单击"视图布局"工具条中的"剪裁视图"按钮,把圆圈外的图线全部删除,如图 8-2-24 所示。

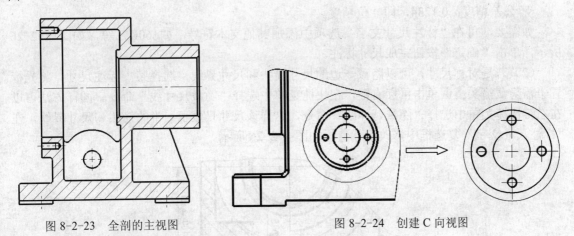

图 8-2-23 全剖的主视图　　　　　图 8-2-24 创建 C 向视图

6. 创建半剖视图中的局部剖视图

因为 SolidWorks 2014 软件不能在剖视图、交替视图上生成断开的剖视图,因此,半剖视图中的局部剖视图只能使用"图块"命令完成。

首先按图形尺寸绘制一局部剖视图,以备制作图块,如图 8-2-25(a)所示。

单击"块"工具条中的"制作块"命令,选中图 8-2-25(a)中的所有图线,图形左下角的点为图块插入点,再单击"确定"按钮完成图块的创建。

单击"块"工具条中的"插入块"命令,弹出图块预览图,插入到指定位置,若有必要,可以旋转图块,如图 8-2-25(b)。

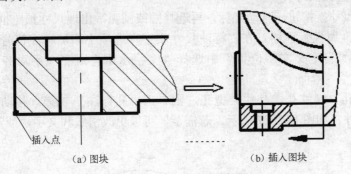

(a) 图块　　　　　　　(b) 插入图块

图 8-2-25　创建局部剖视图

(二)标注工程图尺寸(含尺寸精度、孔标注)

1. 线性尺寸

线性尺寸一般包括线-线距离、点-点距离、点-线距离。

(1) 单击"注释"工具条中的"智能尺寸"按钮,移动光标,选择两直线,出现尺寸预览框。单击生成线性尺寸,弹出"尺寸"属性管理器,在属性管理器中设置如下选项。

◇ 公差/精度:双边。

◇ 最大变量:0mm。

◇ 最小变量:-0.039mm。

◇ 单位精度：无。
◇ 基本尺寸取整数。
◇ 公差精度：0.1234，即 4 位精度。

如需要，可在"标注尺寸文字"选项中添加其他文本符号，如φ60K7 等，如图 8-2-26 所示，单击"确定"按钮完成尺寸标注。

（2）若是对称尺寸，可以隐藏一边的尺寸箭头和尺寸界线，选择某一标注尺寸，将光标置于需隐藏箭头上，单击鼠标右键，在快捷菜单中选择"隐藏尺寸线"命令。同样方法可以在右键快捷菜单中选择"隐藏延伸线"命令，这样该尺寸只显示一半的箭头和尺寸界线，在"标注尺寸文字"复选框中修改尺寸值，如图 8-2-26 所示。

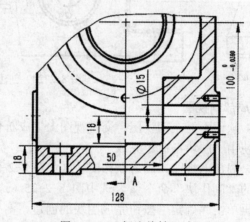

图 8-2-26　标注线性尺寸

2．圆尺寸和圆弧尺寸

单击"智能尺寸"按钮，移动光标，再选择圆或圆弧，出现尺寸预览框。单击生成圆尺寸，弹出"尺寸"属性管理器。在"标注尺寸文字"选项中添加标注符号，如"6-φ20"，若有需要，可在"自定义文字位置"中选择"文字水平"或"文字对齐"。如图 8-2-27 所示。

若是阵列的孔、螺纹孔、其他类型孔，则单击"孔标注" ⌴φ。移动光标选择孔，则自动标注孔的尺寸，如图 8-2-27 所示。若需要，可以更改引线和文字，或箭头。

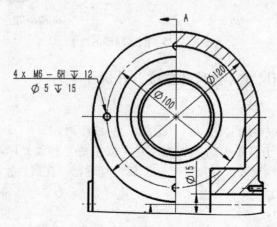

图 8-2-27　标注圆尺寸

3. 标注倒角尺寸

单击"倒角尺寸"按钮，再选择倒角的两轮廓边。单击生成倒角尺寸，放在合适位置。若需要，可以更改引线或标注文字，单击"确定"按钮，完成倒角尺寸标注，如图 8-2-28 所示。

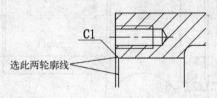

图 8-2-28　倒角尺寸标注

（三）添加表面粗糙度

单击"注释"工具条中的"表面粗糙度符号"按钮√，弹出"表面粗糙度符号"属性管理器。在"符号"复选框中选择"要求切削加工"按钮√，在"符号布局"复选框中输入"其他粗糙度值"为"Ra.1.6"，在图纸中选择表面轮廓线，添加表面粗糙度符号；表面粗糙度符号自动指向材料内部。按照新的国标规定，视图右侧与下表面须有引线引出标注。如图 8-2-29 所示。

（四）添加形位公差及其基准

（1）单击"注释"工具条中的"基准特征"按钮，弹出"基准操作"属性管理器。在"标号设定"文本框中设置基准符号"B"，其他采用默认设置。选择孔φ85 的尺寸线，拖动"基准特征"预览框至合适位置，如图 8-2-30 所示。基准符号也可与某一轮廓线对齐。

（2）单击"注释"工具条中的"形位公差"按钮，弹出"形位公差"属性管理器。在属性管理器中设置形位公差内容：公差符号、公差值、公差基准，设置"引线"为"垂直引线"，引线垂直指向被测的对象，如直线、平面、中心线等。拖动"形位公差"预览框至合适位置，单击生成"形位公差"，如图 8-2-30 所示。

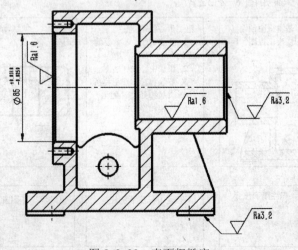

图 8-2-29　表面粗糙度

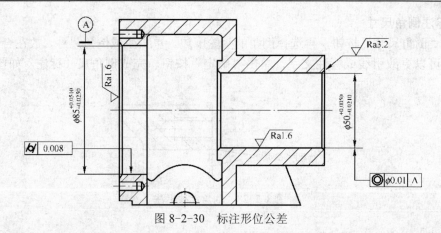

图 8-2-30 标注形位公差

（五）添加技术要求

单击"注释"工具条中的"注释"按钮**A**，再单击图纸右下角区域，输入注释内文字，按 Enter 键，在现有的注释下加入新的一行，单击"确定"按钮，完成技术要求，如图 8-2-31（a）所示。必要时也可将文本引出标注，如图 8-2-31（b）所示。

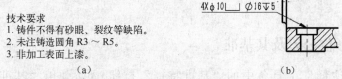

图 8-2-31 添加文字注释

全部标注结果如图 8-2-1 所示。

（六）保存文件

单击"保存"按钮，至此，完成泵体工程图的创建。

🛠 重点串联

泵体工程图关键步骤如图 8-2-32 所示。

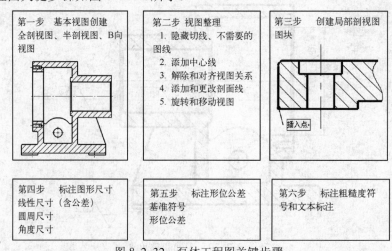

图 8-2-32 泵体工程图关键步骤

练习

完成如图 8-2-33 所示轴承工程图表达。

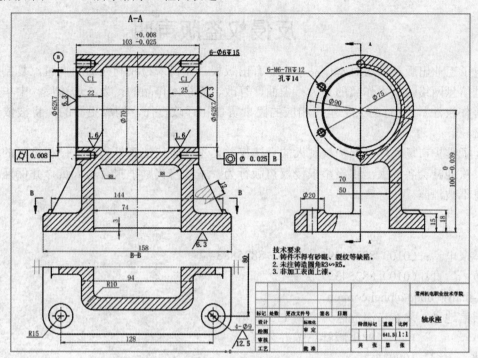

图 8-2-33 轴承座零件图

反侵权盗版声明

电子工业出版社依法对本作品享有专有出版权。任何未经权利人书面许可,复制、销售或通过信息网络传播本作品的行为;歪曲、篡改、剽窃本作品的行为,均违反《中华人民共和国著作权法》,其行为人应承担相应的民事责任和行政责任,构成犯罪的,将被依法追究刑事责任。

为了维护市场秩序,保护权利人的合法权益,本社将依法查处和打击侵权盗版的单位和个人。欢迎社会各界人士积极举报侵权盗版行为,本社将奖励举报有功人员,并保证举报人的信息不被泄露。

举报电话:(010)88254396;(010)88258888
传　　真:(010)88254397
E-mail:dbqq@phei.com.cn
通信地址:北京市海淀区万寿路173信箱
　　　　　电子工业出版社总编办公室
邮　　编:100036